普通高等教育"十三五"规划教材

Excel 数据处理与分析

张志明　李红娟　段红玉　编　著

U0194804

中国水利水电出版社
www.waterpub.com.cn
·北京·

内 容 提 要

Excel 是微软公司 Office 办公软件的重要组成部分,可以完成数据录入、数据处理、统计分析等操作,被广泛用于日常办公、数据管理、财务金融等领域。

本书从培养学生信息素养和计算思维的目标出发,主要讲述了 Excel 数据录入、数据处理和数据分析的相关知识,主要包括数据录入、数据编辑、数据验证、格式设置、常用函数、条件格式、数据排序、数据筛选、分类汇总、图表、数据透视表和数据透视图,以及数据保护和文件打印等内容。

本书采用循序渐进的方式,详细介绍了数据处理和分析统计的相关知识与技巧,突出强调实用性和适用性,设计了大量的具有实践意义的综合案例,引领读者快速有效地掌握实用技能,提高学生在数据处理方面的计算机能力。

本书内容丰富、图文并茂、可操作性强且便于查询,可作为本科和专科相关课程的教材,也可作为 Excel 培训班、办公室管理人员和计算机爱好者自学的参考书。

本书配有电子教案和配套视频,读者可以从万水书苑以及中国水利水电出版社网站下载,网址为:http://www.wsbookshow.com 和 http://www.waterpub.com.cn/softdown/。

图书在版编目(CIP)数据

Excel数据处理与分析 / 张志明,李红娟,段红玉编著. -- 北京:中国水利水电出版社,2018.8(2020.7重印)
普通高等教育"十三五"规划教材
ISBN 978-7-5170-6701-6

Ⅰ. ①E… Ⅱ. ①张… ②李… ③段… Ⅲ. ①表处理软件—高等学校—教材 Ⅳ. ①TP391.13

中国版本图书馆CIP数据核字(2018)第175365号

策划编辑:石永峰 责任编辑:高 辉 加工编辑:王玉梅 封面设计:李 佳

书 名	普通高等教育"十三五"规划教材 Excel 数据处理与分析 EXCEL SHUJU CHULI YU FENXI
作 者	张志明 李红娟 段红玉 编 著
出版发行	中国水利水电出版社 (北京市海淀区玉渊潭南路 1 号 D 座 100038) 网址:www.waterpub.com.cn E-mail:mchannel@263.net(万水) 　　　　sales@waterpub.com.cn 电话:(010) 68367658(营销中心)、82562819(万水)
经 售	全国各地新华书店和相关出版物销售网点
排 版	北京万水电子信息有限公司
印 刷	三河市铭浩彩色印装有限公司
规 格	184mm×260mm 16 开本 10 印张 222 千字
版 次	2018 年 8 月第 1 版 2020 年 7 月第 4 次印刷
印 数	6001—9000 册
定 价	28.00 元

前　　言

随着计算机在各行业的普及，计算机技能已经成为各领域人才必须掌握的重要技能，计算机能力的高低成为衡量人才素质的基本标准。Excel 作为 Office 办公系列软件之一，应用范围广泛，是办公自动化、数据处理和分析的有效工具。

本书内容

本书采用循序渐进的方式，详细介绍了 Excel 相关内容，全书共 8 章，具体章节内容如下：

第 1 章：主要介绍 Excel 和数据处理之间的关系，以及 Excel 数据处理的基础知识和操作（如数据类型、数据录入、数据编辑和表格格式设置）等。

第 2 章至第 3 章：主要介绍 Excel 公式和函数的使用方法，以及与之相关联的单元格引用、公式调试、函数嵌套和定义名称等。

第 4 章：详细介绍 Excel 常用函数的相关知识和使用方法，如数学统计函数、文本函数、日期时间函数、查找和应用函数等。

第 5 章：主要介绍 Excel 数据统计和数据分析相关内容，如条件格式、数据排序、数据筛选、分类汇总、图表、数据透视表和数据透视图等。

第 6 章至第 7 章：主要介绍 Excel 数据保护和打印的相关内容，如工作表保护、工作簿保护、页面设置、打印预览和打印等。

第 8 章：通过采用背景介绍、案例分析、操作实现和回顾总结的方式，对多个实际案例进行描述。

学习方法

本书根据信息素养和计算思维培养的需要，精心设计知识目标和能力目标以及综合案例，重点训练学生的逻辑思维能力和计算机能力（计算机操作能力、计算机与专业结合的能力和运用计算机创新的能力），在潜移默化中不断提升学生的信息素养和综合素质，达到人才培养的目的。

（1）知识目标和能力目标。针对每一章内容，以项目列表的形式列出了知识目标和能力目标，引导学生以此为标准，认真学习，深入领会。

（2）内容讲解。围绕实际生活工作案例，深入浅出地讲解理论知识，突出知识的实用性和可操作性，充分锻炼学生的动手能力，提升信息素养和计算机能力。

（3）案例实操。结合实际生活工作需求，精心设计了 8 个综合教学案例，涵盖了本书几乎全部知识点。学生可以反复对其进行练习，经过"模仿→思考→独立操作→高效完成"的过程，强化动手技能和知识运用能力。

（4）知识拓展。结合计算机课程性质，除提供了配套的教学资源外，还提供了微信公众号，读者可以进行关注，我们会将新的拓展内容不定期地推送，从而最大程度地满足用户需求。

教学资源

本书提供了立体化的教学资源，使教师可以方便地使用教学课件、案例素材等多种教学资源。

（1）教学资源包。配套开发了精美的教学资源包，如 PPT 教案、案例素材文件、Word 教案等。

（2）拓展资源。开通了微信公众号，读者可以扫码关注。作者将通过微信公众号不断更新教学资源，尤其是微课视频方面的资源，供读者参考。

本书由张志明、李红娟、段红玉编著。虽然编者在编写本书的过程中倾注了大量心血，但恐百密之中仍有疏漏，恳请广大读者及专家不吝赐教。

编　者

2018 年 6 月

目　录

第 1 章

数据处理基础

　　近年来，智慧城市、"互联网+"和大数据等新名词频繁出现在大众视野，被各国政府和民众所熟知，究其根本都离不开数据处理和分析。数据处理与分析对现实生产和工作有着重要意义，发挥着举足轻重的作用，已成为社会进步发展的新引擎。本章将详细讲解数据处理基础，介绍 Excel 数据类型、有效性约束，以及数据录入和编辑等相关知识。

※ 知识目标

- 了解数据处理的意义和实际案例；
- 理解 Excel 与数据处理之间的关系和课程定位；
- 理解各种数据类型的含义；
- 理解数据有效性约束的含义和作用；
- 理解数据查找、替换、定位和更正的含义和作用。

※ 能力目标

- 掌握各种类型数据的录入方法；
- 掌握数据有效性约束和删除重复值的操作方法；
- 掌握数据查找、替换、定位和更正的操作方法；
- 掌握表格格式设置的操作方法。

1.1   数据处理概述

自全球知名咨询公司麦肯锡提出大数据时代以来，大数据在物理学、生物学、环境生态学等领域，以及军事、金融、通信等行业存在已有时日，却没有形成大的规模效应。而互联网和信息行业的快速发展给大数据带来了前所未有的机遇，使其被运用到了各个行业领域，被人们誉为"新时代的生产力"。

大数据（Big Data）又称为海量数据，指的是需要处理才能具有更强的决策力、洞察力和流程优化能力的海量、高增长率和多样化的数据信息。大数据的根本是数据本身，企业内部的经营数据、互联网世界中的商品物流数据、现实生活中的人与人的交互数据、位置信息数据等，都属于数据的范畴。通过各种的数据处理和分析，来盘活这些数据，使其为国家治理、企业决策乃至个人生活服务，是数据处理与分析的研究方向。

1.1.1   数据处理的意义

数据处理对现实生活有着重要的应用和指导意义，如气象预报相关的灾难预警、企业进销存信息提示、消费数据分析、智能化物流系统、企业财务管理等，都是在数据处理分析的基础上来完成的。当下数据处理与分析发挥着越来越重要的作用，带动了各项事业的智能、高效、环保和精确发展，推动了社会进步和发展。

1. 智慧城市建设（图 1-1）案例

杭州作为阿里巴巴总部所在地，被称为我国的"电子商务之都"。如今，杭州同时还是全球最大的移动支付城市、"互联网＋"社会服务指数中的"最智慧"城市，成为我国新型智慧城市建设的标杆。

图 1-1   杭州智慧城市建设

（1）便捷的城市服务

在建设移动智慧城市方面，浙江省一直走在全国前列，省会城市杭州早已成为全球最大的移动支付之城。数据显示，在杭州超过 95% 的超市、便利店能够使用支付宝付款，超过 98% 的出租车支持移动支付，杭州的地铁、公交以及餐饮门店、美容美发店、KTV

等休闲娱乐场所也都支持支付宝付款。居民通过支付宝的城市服务，可以享受政务、车主、医疗等领域 60 多项便民服务。并可以凭借芝麻信用在景区、机场、公交站等 315 个点免费借用雨伞和充电宝。真正做到了市民出门不需要带现金，仅凭一部装有支付宝 App 的智能手机，就可以搞定生活中的吃穿住行全部活动。

近年来，浙江省将杭州的成功经验在全省范围进行推广，促进市场消费、城市服务和公共服务转型升级，从而将杭州、温州等全省 11 个市打造成基于信用、生活消费、商业经营等用户云数据的移动智慧城市。

（2）政务数据共享

城市治理要实现智慧化，海量数据的互联互通和智能共享是首要前提。杭州市以"最多跑一次"的改革理念，着力推动政务数据、公共数据、互联网数据、企业数据等数据资源的归集和共享。为提高数据归集的效率和实用程度，杭州市在数据归集过程中坚持目标和需求导向，通过现场需求对接会的方式，让数据需求部门和数据提供部门面对面沟通，确认需求数据的具体内容和要求，为数据精确交换奠定基础。

截至目前，杭州不动产登记实现了"一个窗口受理、一套表格填报、一个系统审核"，全流程 60 分钟领证的全国最快速度。在全国首推商事登记"1+N"+X 多证合一、证照联办改革，率先启动"商事登记一网通"，实现 85% 新设企业可按"一件事"标准进行网上办理。投资项目审批大力推行模拟审批、多测合一、联合验收等创新举措，投资项目总体审批周期提速 30%。公民个人事项办理推行"简化办、网上办、就近办"的原则，仅凭身份证就可办理 296 项事务，可以在手机端实现全程办理的有近 100 项。

（3）智能城市大脑

数据归集是基础，智能运算是关键，杭州于 2016 年正式启动城市数据大脑。坚持创新引领，着力构建平台型人工智能中枢，推进大数据、云计算、人工智能等前沿科技的深度融合运用，给城市装上可以感知、预警、指挥的"大脑"。急救点接到求助电话后，运算平台根据共享数据进行实时计算，自动调配沿线信号灯配时。同时，监控视频根据救护车的 GPS 定位，始终跟踪救护车行驶，指挥中心的终端大屏会帮助交警把控急救的实时进展。调度中，对路段的预判提前好几个路口，并以秒级单位进行分析判断，确保车辆以最快速度在绿灯状态下通行，从而达到节约急救时间的目的。

截至 2018 年年初，数据大脑已接管杭州 128 个信号灯路口，试点区域通行时间减少 15.3%，高架道路出行时间节省 4.6 分钟。在主城区，城市大脑日均事件报警 500 次以上，准确率达 92%。在萧山，120 救护车到达现场的时间缩短了 50%，全市信号灯报警并调整配时方案 8000 余次，视频监控自动巡查到安全事件近 2 万件。

2. 菜鸟物流案例

菜鸟网络科技有限公司（简称"菜鸟物流"）是由阿里巴巴集团于 2013 年 5 月携手银泰百货、复星集团、富春集团以及顺丰、申通、圆通、中通、韵达等多家快递公司成立的。同时，还启动中国智能物流骨干网（简称 CSN）项目。菜鸟物流的目标是通过 5 至 8 年的努力，打造一个开放的社会化物流大平台，在全国任一地区都可以做到 24 小时送达。

（1）数据助力物流

目前，我国的物流行业从规模来看是全球领先的，但在技术水平和效率上还有很大的提高空间，存在着空载率高（空载率达 40%）、道路使用率高（运输 75% 在公路上）、卡车利用率低（平均日行驶里程 300 公里）等诸多不足，进而导致我国的物流成本为发达国家的 2 倍以上。最近 10 年来，我国快递业务量的复合增长率超过 30%，当电商包裹从每年 8.6 亿增加到 206 亿时，如果继续以这样的速度保持下去，快递业很快就会难以支撑。价格战、资源重复建设等问题，也让行业面临成长压力。

菜鸟物流提出要通过大数据协同，把物流服务中优质的部分培育出产品，推荐给商家和消费者。以开放的态度联合行业中的各个要素，如快递公司、仓储管理服务商、落地配送物流公司等，优化每天 3000 万单的物流大数据，促成合理的物流方案。在早前的尝试中，使用菜鸟服务的商家都获得了物流效率的提升。比如威露士的物流成本下降了 25%，御泥坊的物流时效提升了 30%。海信电器透露，在销售规模大幅增长的情况下，其库存总量下降了 30%。同时，菜鸟物流推出了"当日达"与"次日达"业务，在 2016 年年底覆盖了 150 个城市和 10000 个品牌。

（2）智能化仓储建设

目前，菜鸟物流全自动化仓库已在广州增城正式开仓运转，实现了我国仓储智能化的新突破，标志着我国物流的仓储操作进入了一个全新水平，得到了业界的广泛关注，如图 1-2 所示。

图 1-2　菜鸟智能仓储

智能化仓储，根据订单对应的不同商品数量和种类，高效地挑选出大小适当的包装箱，并在包装箱上打印标识码，通过传送带传递到下一个节点。传送带每隔一段距离都安装传感器，传感器可识别包装箱上的识别码，并决定将包装箱送到下一个节点，同时它支持路线合并和分流，一个订单对应的包裹会被传送到不同货架装入商品。拣货完成后，有封箱机器人和搬运机器人对包装箱封装和搬运，省去了大量商品打包的时间。

智能化仓储大幅降低了分拣员的劳动强度，提高了仓储管理的时效性（10 分钟出库）和准确率（100%），为企业实现当日达和次日达的服务目标提供了良好支持，并大幅度降低了仓储管理的成本。以社会物流总成本占 GDP 的比重为例，这项是直接影响经济体综合实力的指标，一般来说发达国家只有 8%，我国目前是 16%。菜鸟物流认为要充分利用大数据、绿色环保、人工智能等新技术，实现未来把中国社会物流总成本占 GDP 的比重降低到 5%，在物流方面为社会做出贡献的目标。

3. 不一样的双十一

双十一购物节交易额从 2009 年的 5200 万元到 2017 年的 1682 亿元，阿里仅用了 9 年。2017 年的双十一活动覆盖全球 200 多个国家和地区，有 1500 万种商品、14 万个明星品牌参与，菜鸟物流共接送 8.12 亿笔物流订单。面对这么大的物流数据，2017 年的物流包裹却明显快于往年，甚至出现数量不少的第二天送达的情况。

2017 年双十一物流提速的原因有很多，如技术运维、商品推荐、客服、支付、物流等各个环节都引入机器智能。数据中心机器人每天在机房巡逻，能接替运维人员以往 30% 的重复性工作；AI 调度官将数据中心资源分配率拉升到 90% 以上；人工智能助手在双十一当天承担了 95% 的客服咨询；菜鸟智慧货仓机器人单日可发货超过 100 万件；阿里机器智能推荐系统双十一当天为用户生成超过 567 亿个不同的专属货架，就像智能导购员一样，给消费者"亿人亿面"的个性化推荐。

3. 地图导航案例

高德地图（图 1-3）是由我国领先的数字地图内容、导航和位置服务解决方案提供商（拥有导航电子地图甲级测绘资质、测绘航空摄影甲级资质和互联网地图服务甲级测绘资质"三甲"资质的高德公司）提供，其优质的电子地图数据库是公司的核心竞争力。

图 1-3　高德地图导航

（1）特色功能

高德地图具有领先的地图渲染功能（性能提升 10 倍，所占空间降低 80%，比传统地图软件节省流量超过 90%）、专业在线导航功能（覆盖全国 364 个城市、全国道路里程 352 万公里）、在线导航功能（最新高德在线导航引擎，全程语音指引提示，完善偏航判定和偏航重导功能）、AR 虚拟实景功能（结合手机摄像头和用户位置、方向等信息，将信息点以更直观的方式展现给用户）、丰富的出行查询功能（地名信息查询、分类信息查询、公交换乘、驾车路线规划、公交线路查询、位置收藏夹等丰富的基础地理信息查询工具），以及锁屏语音提示功能（在手机在锁屏状态下，照样可以听到高德导航的语音提示）等特色功能。

（2）精确位置服务

移动互联时代，定位无处不在，绝大多数的移动应用所提供的产品服务都与位置有关。作为中国技术领先的地图 LBS 服务提供商，高德地图开放平台拥有先进的数据融合技术和海量的数据处理能力，日均处理定位请求及路径规划数百亿次。目前包括新浪微博、神州租车等 3 万多家知名互联网厂商，采用高德地图开放平台的服务来支持其位置业务。据统计，平均每 10 部手机中有 9 部在使用高德的位置服务。

在 2015 年，高德开放平台为上百万名快递员平均每日提供了 2300 万次智能路径规划服务。目前国内 85% 的车行 App 使用高德地图导航和路径规划服务，平均每晚帮助出租车、快车和专车司机导航 2400 万公里，通过智能路径规划每晚为司机们躲避拥堵超500 万公里。同时，高德地图开放平台已累计为市场中超过 60% 的外卖 App 提供地图和定位服务。此外，高德地图还为市场中超过 65% 的社交软件提供精准定位及地理围栏服务。

（3）智能决策服务

高德观景台致力于为开放平台开发者提供基于位置数据的大数据分析服务，通过深度挖掘海量用户行为，协助开发者完成产品评估、定向运营推广等商业决策。2015 年 4 月，高德地图开放平台发布了 "LBS+" 开放平台战略，面向用车软件、O2O、智能硬件、公益环保等多个行业推出整合 "工具 + 数据 + 服务" 的一体化 LBS 解决方案。高德的 "LBS+"在 LBS 开发工具之上，整合了地图大数据和地图云计算，能够帮助合作伙伴进行自有数据管理、分析、预测，并基于此进行智能商业决策，更好地构建开放共赢的 LBS 生态。

（4）智能躲避拥堵

高德地图是国内首个提供实时路况信息和躲避拥堵服务的手机地图，作为国内唯一一家同时拥有海量地图数据和交通信息大数据的互联网企业，高德地图从数据采集、生产、发布，再到用户反馈，已经形成了完整闭环。基于 5 亿高德地图导航用户生成的海量数据、全国几十万辆出租车和几百万辆物流车的行业数据，经实时交通后台汇总、处理后，高德地图不仅可以为用户提供实时路况信息查询服务，还可以根据信息在导航过程中实时调整路线规划、躲避拥堵路段、帮助用户尽快到达目的地。目前高德拥有超400 种道路属性信息和横跨 61 个城市、超 13000 平方公里的三维模型数据，还拥有庞大的交通大数据云服务平台。据高德地图抽样统计估算，使用高德地图躲避拥堵功能智能出行，可节省 15% ～ 20% 的时间成本。

1.1.2　Excel 与数据处理

Excel 是 Microsoft Office 办公软件中的重要组件之一，是世界上最流行的电子表格处理软件，被广泛运用于财务、行政、金融、经济、统计等众多领域。用户利用 Excel 可以处理日常生活、工作中的各种计算问题，如会计出纳可以用 Excel 完成数据报表、工资核算等数据处理和分析，商业销售可以用 Excel 进行销售统计，教师可以用 Excel 计算和分析考试成绩，证券人员可以用 Excel 预测股票走势等。总之，Excel 可以让用户摆脱乏味、重复、复杂的数据处理和统计工作，从而使用户有更多的精力处理其他工作事务。

Excel 不仅可以高效地完成各种数据表和数据图的设计，进行数据处理和分析，而且还保持了 Office 一贯的工作界面和操作方法，易学易用。在数据处理方面，Excel 具有下述几个方面的优势。

1. 强大的计算能力

Excel 除了可以完成日常的数学计算外，还可以进行文本、日期、逻辑等多种类型的数据的计算。如通过对居民身份证号上的数据计算获取出生日期和性别，通过性别计算显示相应的称谓（如先生、女士），通过商品编号和商品名称的对应关系计算出商品名称和单价等。

2. 便捷的数据统计和分析

Excel 提供了便捷的数据统计和分析功能，通过简单操作就可以轻松完成数据的排序、筛选、分类汇总、数据透视表、图表分析等相关操作。如通过 Excel 图表功能绘制历年猪肉价格波动图，发现价格波动规律，作出市场预测；分析会员消费记录，合理制定促销活动方案，促进商品销售。设置商品数量预警，在出现商品库存不足时及时预警补货。

3. 智能分类计算

使用 Excel 中的逻辑判断函数（如 If 函数、Iferror 函数等）和查找函数（如 Lookup 函数、Vlookup 函数等），实现数据智能判断分类，进而降低人工判断误操作概率，从而提高工作效率。如考试成绩小于 60 时显示补考，根据销售员销售金额判断阶梯式业务提成，根据员工工资情况计算个人所得税等。

1.1.3　常见数据类型

Excel 支持多种数据类型，如字符型、数值型、日期时间型、逻辑型等。一般情况下，Excel 会根据用户录入的数据内容自动判断。如录入"12.00"时判断为数值型，默认按右对齐格式显示。当录入"China"时，则判断为字符型数据，默认按左对齐格式显示。

1. 字符型

字符型也称为文本型，由汉字、英文字母、空格等字符组成，是 Excel 常见数据类型。默认情况下，字符型数据在单元格内按左对齐显示。当录入的字符数据长度超过单元格宽度时，如果右侧单元格没有数据，那么该字符数据会向右延伸，占据右侧单元格。如果右侧单元格有数据，则超出单元格宽度的字符型数据会被隐藏，调整单元格宽度时会恢复显示。

在单元格中录入由上述字符组成的数据时，Excel 会自动识别为字符型数据。而面对日常生活中由纯数字组成的字符时（如电话号码、学号、银行账户等，这些数据的特点是可以用来进行文本运算，但不能进行算术运算），为了避免 Excel 把其识别为数值型数据，用户在录入这类数据时，可以先输入一个英文的单引号，再输入数据。如要输入电话号码"037186176060"，则要转换为"'037186176060"。同时，用户也可以通过设置单元格格式为文本来实现。

> **🔊 小技巧**
>
> 在单元格内输入字符型数据长度超过单元格宽度时，用户可以使用组合键 Alt+Enter 强制单元格内数据换行。也可以通过"设置单元格格式"中的"对齐"方式，勾选文本控制中的"自动换行"复选框来实现。

2. 数值型

数值型是指所有代表数量的数据形式，通常由数字 0 ～ 9、正号（+）、负号（-）、小数点（.）、百分号（%）、千分分隔符（,）、货币符号（¥、$）、指数符号（E 或 e）、分数符号（/）等组成，有效数字为 15 位。数值型数据可以进行加、减、乘、除等数学运算。默认情况下，数值型数据在单元格中显示右对齐。

除了常见格式的数值型数据录入，按照正常的数据录入外。科学记数按照"< 整数或实数 >e< 整数 >"或者"< 整数或实数 >E< 整数 >"格式输入，其中"e"或"E"表示以 10 为底数的指数。如"2.58e6"表示为 2.58×10^6。默认录入分数会显示为日期，如"1/6"显示为"1 月 6 日"，而确实要输入分数"1/6"时，则需要先输入零和空格，然后再输入分数 1/6。

> **🔊 小技巧**
>
> 为了规范单元格内数值型数据的显示细节，用户可以通过使用组合键 Ctrl+1 打开"设置单元格格式"对话框，对"数字"选项卡中的数值型数据的"小数位数"和"使用千位分隔符"等进行详细设置。

3. 日期时间型

在 Excel 中，日期时间型数据是一种特殊的数值，在系统存储时将日期存储为数字序列号，时间存储为小数。默认情况下，Excel 约定 1900 年 1 月 1 日为序号 1（系统的第一天）。将日期数据"2018 年 3 月 20 日"设置为数值格式时，显示为"43179"，即 2018 年 3 月 20 日距离 1900 年 1 月 1 日有 43179 天。日期型数据是可以进行数学减运算的，两个日期相减得到两个日期之间相差的天数。

录入日期时间型数据时，日期中的年月日之间要用"/"或者"-"隔开（如"2018/3/20"或"2018-3-20"），时间上的时分秒之间用":"隔开（如"13:20:26"），日期和时间之间要用空格隔开（如"2018-3-20 13:20:26"）。

> **🔊 小技巧**
>
> Excel 为了进一步提高数据录入速度，用户可以通过使用组合键 Ctrl+；输入系统日期，使用组合键 Ctrl+Shift+；输入系统时间。先按 Ctrl+；输入日期，随后输入空格，再按 Ctrl+Shift+；即可输入系统日期和时间。

4. 逻辑型

在 Excel 中，逻辑型数据用于表示逻辑关系的是否成立，包含逻辑真 True 和逻辑假 False。使用逻辑型数据时，用户可以直接输入 True 或 False，也可以利用公式计算的结果来获取。如在单元格内输入"=3>8"，计算结果为 False。

在 Excel 中涉及数值型数据和逻辑型数据进行运算时，数值型数据 0 被识别为逻辑假 False，非 0 的数值型数据都被识别为 True，进而参与逻辑型数据运算。如"And（100,0）"结果为 False，"And（100,1）"结果为 True。

1.2　数据录入

　　数据录入是数据处理的前提，是一项繁琐的基础性工作。尤其是在要录入的数据任务量重、重复数据多，表格的行列数大的情况下，数据录入工作枯燥，且很容易出错。Excel 除了具备基本的复制、粘贴功能外，还专门为此设计了数据自动填充、自动更正和数据有效性验证等功能，从而提高了数据录入效率，降低了录入出错率。

1.2.1　基础数据录入

　　对于一般的数据录入，用户完全可以参照常规数据录入的方法来完成，几乎没有什么困难。Excel 也会根据用户录入的内容，判断数据类型，按照默认的格式进行显示。当单元格数据显示为"########"时，表明该单元格宽度不够，需要调整单元格宽度来显示。

　　1．常规录入

　　一般情况下，用户在选中单元格后，就可以直接录入相应的内容，然后按 Enter 键来完成。若当前单元格已保存有数据，用户可以双击单元格，将光标定位到单元格内进行编辑。同时，用户也可以在选中单元格后，通过编辑栏进行编辑。

　　在 Excel 中，可以使用复制（Ctrl+C）、剪切（Ctrl+X）和粘贴（Ctrl+V）等快捷键，并支持用鼠标结合 Ctrl 键的方式，来完成单元格的复制和移动操作。

　　为了更方便地定位光标的位置，默认情况下，按 Enter 键完成数据录入，并将活动单元格向下移动一个单元格。按 Tab 键结束当前单元格数据输入，并向右移动一个单元格。按组合键 Ctrl+↑，将光标移动到活动单元格所在列的最上边。按组合键 Ctrl+↓，将光标移动到活动单元格所在列的最下边。按组合键 Ctrl+←，将光标移动到活动单元格所在行的最左边。按组合键 Ctrl+→，将光标移动到活动单元格所在行的最右边。按组合键 Ctrl+Home，将光标移动到表格的左上第一个单元格。按组合键 Ctrl+End，将移动到表格的右下最后一个单元格。

　　2．自动填充

　　为了进一步提高数据录入效率，Excel 针对同行（或同列）多个单元格输入相同或有规律的数据（如等差数列、计算公式等）时，可以使用填充柄来辅助完成。

　　首先，在目标单元格区域的第一个单元格内录入数据，然后选择该单元格，用鼠标左键在填充柄上按下，沿着目标单元格方向拖拽，并留意观察鼠标右下方的提示标签内容。标签显示内容为当前情况下松开鼠标，单元格要填充的数据。如果该标签内容是想要的结果，就可以松开鼠标左键完成录入。如果标签内容显示的不是预期内容，用户则可以拖拽鼠标的同时按下 Ctrl 键，再松开鼠标即可。

　　除了可以使用鼠标左键拖拽填充柄完成自动填充数据外，用户还可以使用双击填充柄，或者使用右键拖拽填充柄，然后在松开鼠标时，选择相应的快捷命令来完成。同时，针对列自动填充数据，当目标列的左右相邻列有数据时，用户可以双击填充柄来完成目标列的数据填充。

　　默认情况下，Excel 自动填充产生的是步长为 1 的等差数列。当用户需要其他步长的数值序列时，可以分别在目标单元格的第一、第二个单元格内输入数值，然后选择这两个单元格，拖拽其填充柄来完成非 1 步长的等差数列填充。

　　Excel 除了可以完成已有序列的自动填充外，还支持用户自定义填充序列，进而完成更为特殊的数据序列填充。用户可以通过依次执行"文件"→"选项"→"高级"→"编辑自定义列表"命令，打开"自定义序列"对话框，如图 1-4 所示。在右侧"输入序列"窗口中依次输入相应的序列，单击"添加"按钮完成用户自定义序列的添加。

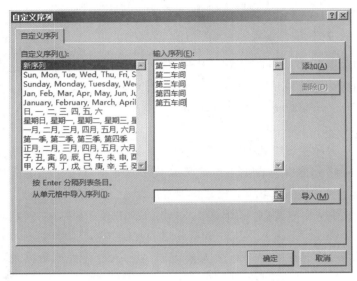

图 1-4　"自定义序列"对话框

小技巧

　　当需要在位于不同行（或者不同列）的多个单元格录入相同数据时，用户可以结合 Ctrl 键选择多个单元格，然后输入数据，并按组合键 Ctrl+Enter 完成多个单元格的数据输入。

1.2.2　常用操作

　　除了常见的单元格复制和移动操作外，Excel 还提供了操作更为灵活的单元格转置、粘贴计算、分列等常用操作。

1. 选择性粘贴

　　在 Excel 中，如果复制的单元格内容是数据常量，而非公式、函数时，到目标单元格粘贴就是源数据。而如果复制的单元格内是公式或函数时，则默认粘贴到目标单元格的是公式或函数，而不再是源单元格的数据。如果要更好地掌握复制、粘贴操作，则需要使用选择性粘贴功能了。

　　用户完成单元格复制操作以后，在选中的目标区域右击，选择快捷菜单中的"选择性粘贴"命令，打开"选择性粘贴"对话框，如图 1-5 所示。在该对话框中，用户可以选择要在目标区域粘贴的结果，如粘贴公式、数值、格式等。除了这些可以直观理解的选项外，它还支持运算和转置粘贴。

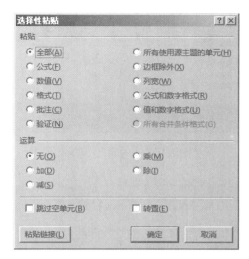

图 1-5　"选择性粘贴"对话框

运算粘贴是指对复制的源单元格数值、要进行粘贴的目标单元格区域内的单元格数值进行相应的运算,将运算结果保存到目标单元格区域。如 A1、A2、A3 分别存储着 10、20、30,现对存储有数值 5 的单元格 C1 进行复制,然后选中 A1:A3,执行选择性粘贴中"乘运算"命令,单击"确定"。则 A1、A2、A3 存储的值依次为 50、100、150。

转置粘贴是将复制的源区域行列互换,转换为目标区域的单元格。如 A1、A2、A3 分别存储着 10、20、30,对其进行复制操作。然后在选中单元格 B1 执行"转置粘贴"命令,则粘贴的结果会显示在 B1:D1 区域,B1、C1 和 D1 单元格分别存储 10、20、30。

2. 删除重复项

数据重复项指的是表格中具有完全相同的 2 行(或多行)记录,即记录在表格中被重复录入。出现这种情况后,容易造成数据重复和数据不一致,从而引发不必要的错误和麻烦。

首先,先将活动单元格定位到数据表格内任一位置,然后执行"数据"→"删除重复项"命令,打开"删除重复项"对话框,如图 1-6 所示。用户根据表格情况,选择是否包含标题和相应的列。然后单击"确定"按钮,此时会出现删除重复项提示,单击"确定"按钮,就可以得到删除重复项后的数据表格。被删除的记录行会被下方数据行填补,但不影响表格以外的其他区域。

上述操作过程中,需要注意的是"删除重复项"对话框中的数据列的选择。被选中的表格列标题,表示重复项标准是这些列的内容必须一致,才被视为重复。而未被选中的列标题,表示除了未被选择列的内容可以不同外,只要被选中列的内容一致,就可以视为重复项,从而避免已重复记录因修改而出现的数据不一致的情况。也就是说在"删除重复项"对话框中,列标题选择的越少,被视为重复项的可能性就越大。

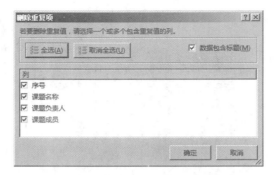

图 1-6　"删除重复项"对话框

小技巧

使用数据高级筛选,也可以完成删除重复项的操作。选择数据表格后,执行数据"高级筛选"命令,在"高级筛选"对话框中勾选"选择不重复的记录"复选项,单击"确定"按钮完成。该方法与删除重复项略有不同,它是隐藏了重复项而非删除,清除数据筛选后记录还会恢复显示。

1.2.3　数据验证

数据验证又称数据有效性,是 Excel 提供的用于定义在单元格内允许录入的内容规范,可以有效防止用户输入无效数据。如考试成绩必须为 0 ～ 100 之间的整数,性别必须为"男""女"等。当用户输入无效数据时,Excel 会发出相应的警告,甚至显示相关提示信息,进而引导用户完成正确的数据录入。

下面以"成绩"数据限制为 0 ～ 100 之间的整数为例,介绍数据验证的使用方法。首先,选择需要进行数据验证的单元格区域,然后依次执行"数据"→"数据工具"→"数据验证"(或"数据有效性")命令,打开"数据验证"对话框,如图 1-7 所示。在"设置"选项卡中设置"验证条件",依次设置"允许"为"整数","数据"为"介于","最小值"为"0","最大值"为"100",并勾选"忽略空值"复选框,从而完成数据验证条件的设置。然后切换到"输入信息"选项卡,依次输入"标题"为"录入考试成绩","输入信息"为"考试成绩应该为 0 ～ 100 的整数",并勾选"选定单元格时显示输入信息"复选框,完成单元格激活时的提示信息设置。最后切换到"出错警告"选项卡,依次输入"标题"为"发生错误","错误信息"为"成绩必须为 0 ～ 100 的整数,请核对",并勾选"输入无效数据时显示出错警告"复选框,完成出错警告设置,并单击"确定"按钮,关闭"数据验证"对话框,完成数据验证设置。

上述设置过程中,设置"验证条件"是必须步骤,设置"输入信息"和"出错警告"为可选操作,用户可根据需要自行选择设置。

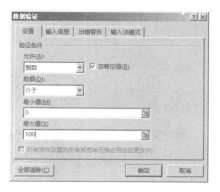

图 1-7　"数据验证"对话框

1.3　数据编辑

数据录入完成后，用户还可以对数据进行修改、格式设置等编辑操作。Excel 单元格内字体格式设置与 Word 操作相同。这里主要针对单元格的格式设置进行讲解，同时对数据编辑中常用的数据查找、替换和定位，以及数据更正等内容进行介绍。

1.3.1　数据格式设置

数据格式设置包含单元格数据字体格式设置、对齐方式设置和数字格式设置三种。其中，字体格式可以通过"开始"→"字体"组中的相关命令来完成。对齐方式设置方法与之类似，对应"开始"→"对齐方式"组中的相关命令。字体格式和对齐方式设置与 Word 操作相同。

由于数值型数据是 Excel 中最常用的数据类型，Excel 预设了数值、货币、日期、时间、百分比、分数、科学记数等多种数值格式。同时，Excel 还支持用户根据个人需要，自定义更为丰富的数字格式。用户可以在选择单元格区域的前提下，通过"开始"→"数字"组中的相关命令，来完成常见的数字格式设置，如数字格式、货币样式、百分比样式、千分位分隔符、小数位数等。当需要更为详尽的数字格式设置时，用户可以单击"数字"组右下角的对话框启动按钮，打开"设置单元格格式"对话框，如图 1-8 所示。

自定义单元格格式是指用一些格式符号来描述数据的显示格式。如符号"0"代表数字预留位，当设置单元格自定义格式为"0000-00000000"时，用户输入"3718617060"则显示为"0371-8617060"；符号"#"代表有意义的数字预留位；符号","代表千分位分隔符。当设置单元格自定义格式为"###,###"时，用户输入"012356"则显示为"12,356"（数字用"0"开头无意义，所以被忽略）。

> 🔊 **小技巧**
>
> 除了通过"开始"→"数字"组中的相关命令打开"设置单元格格式"对话框以外，用户也可以右击单元格，选择快捷菜单中的"设置单元格格式"命令，或者按组合键 Ctrl+1 来打开该对话框。

图 1-8 "设置单元格格式"对话框

1.3.2 查找、替换和定位

在 Excel 中，用户可以使用查找功能，轻松地在大量数据中查找到目标数据。利用替换功能，可以将指定数据完全替换为目标数据，而不需要浪费过多精力和时间，并且能够保证毫无遗漏。

1. 查找和替换

进行查找和替换操作之前，要确定查找的范围。如果要查找整个工作表，只需要将光标定位到工作表中任一单元格。如果要在指定的一个区域进行查找，则需要选择相应的单元格区域。然后执行"开始"→"编辑"→"查找和替换"→"查找"命令，从而打开"查找和替换"对话框的"查找"选项卡。在"查找内容"文本框中输入要查找的内容，单击"查找全部"或"查找下一个"按钮即可。

替换的操作方法与查找类似，也是先选择查找范围，然后执行"开始"→"编辑"→"查找和替换"→"替换"命令，打开"查找和替换"对话框的"替换"选项卡，如图 1-9 所示。分别在"查找内容"和"替换为"文本框输入要被替换的内容和新内容，然后单击"全部替换"按钮来全部替换。或者配合使用"替换"和"查找下一个"两个按钮，来逐个替换。

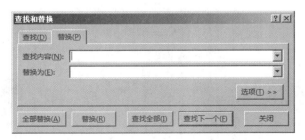

图 1-9 "查找和替换"对话框

在 Excel 中，用户不但可以精确查找（或替换），还可以使用通配符进行模糊查找。Excel 提供了"*"和"?"2 个通配符，分别代替了任意多个字符和单个字符。如果要查找包含"数据处理"的数据，可以使用"* 数据处理 *"；要查找姓"李"的数据，可以使用"李 *"；而如果使用"李 ?"，则要查找的姓名是由 2 个字符组成的姓"李"的数据。如果要查找的数据本身就包含"*"和"?"时，这里它们并不是通配符，则需要在该字符前加"～"符号，如查找"～ * 号"，则可以找到包含"* 号"的数据记录。而相对的查找"* 号"，则可以找到所有包含"号"的数据，查找范围要大很多。

2. 定位条件

用户可以使用查找和替换功能完成数据的精确查找和模糊查找。但对于未录入数据的单元格来说查找往往显得力不从心，Excel 又为用户提供了功能强大的定位条件功能，能够快速地帮用户查找定位到空值单元格、引用单元格、行列内容差异单元格等。

定位条件功能中，定位"空值"单元格最为常用。如填写考勤表时，可以先将为数不多的缺勤单元格输入，然后选择整个表格区域，执行"开始"→"编辑"→"查找和替换"→"定位条件"命令，打开"定位条件"对话框，如图 1-10 所示。在"选择"项目中选择"空值"单选按钮，单击"确定"按钮，即可将表格中的全部空值单元格选中。然后输入"出勤"后，按组合键 Ctrl+Enter 完成操作。类似的应用还有学生信息表中的民族列，由于多数学生都是汉族，用户完全可以先把少数民族信息录入，然后利用定位条件功能选择空值单元格，输入"汉族"，最后按组合键 Ctrl+Enter 键完成操作。

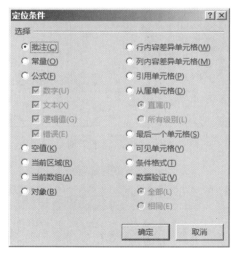

图 1-10　"定位条件"对话框

> **小技巧**
>
> 由于查找、替换和定位操作使用频率高，Excel 分别为这三个操作设置了快捷键。用户可以使用组合键 Ctrl+F、Ctrl+H 和 Ctrl+G 来使用查找、替换和定位条件功能。

1.3.3　数据更正

用户在录入数据的过程中，出现录入错误在所难免，用户只需要选中单元格进行修改更正即可。除了上述这种常见数据更正操作外，Excel 还提供了自动更正功能，它不仅能够识别输入错误，还可以在输入时自动更正错误。它的工作实质，与前面介绍的查找、替换功能操作结果类似，它是将查找、替换合二为一，并且能够自动执行。

用户可以利用该功能作为辅助输入手段，来更加准确、快速地录入数据，提高效率。比如定义一个不常用的字符或者英文缩写（如"[PS]"），让 Excel 自动更正为所需的字符（如"Adobe Photoshop 软件"）。也就是说当用户输入"[PS]"后，Excel 会自动将其修改为"Adobe Photoshop 软件"。具体操作方法是执行"文件"→"选项"命令，打开"Excel 选项"对话框，单击左侧导航区的"校对"选项后，在右侧窗口单击"自动更正选项"按钮，打开"自动更正"对话框，如图 1-11 所示。在"替换"和"为"文本框中分别输入"[PS]"和"Adobe Photoshop 软件"，单击"添加"按钮即可。

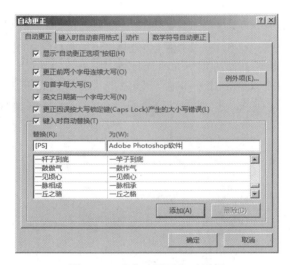

图 1-11　"自动更正"对话框

1.4　表格格式设置

众所周知，Excel 工作表的主要功能在于数据处理，但对表格的外观格式也不容忽视。表格的格式设置不同于单元格里的数据格式，它指的是表格的行高、列宽、边框、底纹等外观格式设置。

1.4.1　行高和列宽调整

行高和列宽的调整属于 Excel 表格的基础操作，两者操作方法类似。用户可以通过拖拽行（或列）之间的分割线，或者右击行（或列）执行"行高"（或"列宽"）快捷命令，或者执行"开始"→"单元格"→"格式"→"行高"（或"列宽"）命令，来完成行高（或列宽）的调整。

除了上述操作外，还可以双击行列分割线，让 Excel 来根据单元格内容自动调整。在众多方法中，拖拽分割线的方法最为直观便捷，通过菜单命令方法最为精确，用户可以根据使用场景自行选择。

1.4.2　边框和填充色设置

默认情况下，Excel 工作表显示有浅灰色的网格线，但它只是辅助用户操作的设置，文件打印时并不显示。如果用户要打印表格边框线和表格背景颜色，就需要对表格边框和填充色进行设置。

用户可以在选择表格区域后，执行"开始"→"字体"→"边框线"→"边框样式"命令，对表格边框进行设置。也可以执行"边框线"→"其他边框"命令，打开"设置单元格格式"对话框的"边框"选项卡，如图 1-12 所示。在该对话框中对表格的边框样式、颜色、边框线分布等进行详细设置。另外，Excel 还提供了手工绘制边框的功能，但考虑到工作效率问题，不建议用户使用该方法。

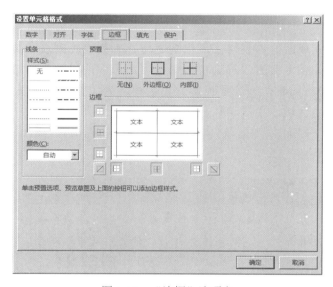

图 1-12　"边框"选项卡

对表格底纹的设置方法与上述边框设置方法类似，用户可以在选择表格区域后，执行"开始"→"字体"→"填充颜色"→"颜色"命令来进行设置。同时，由于表格边框和底纹设置都包含于"设置单元格格式"对话框，用户除了使用上述操作方法外，也可以使用组合键 Ctrl+1 打开"设置单元格格式"对话框，进而切换到"边框"和"填充"选项卡来完成相关操作。

小技巧

对多个单元格格式进行相同设置时，用户可以使用格式刷功能来提高效率。首先设置一个单元格格式，然后选中该单元格，双击"开始"→"剪切板"→"格式刷"按钮，依次单击多个目标单元格即可完成设置。

1.4.3　表格格式套用

为了简化单元格格式设置，Excel 提供了一系列的常用表格样式，用户可以将这些预设样式套用到选定表格上，从而高效地完成表格的外观设置。

首先，用户选择要设置的表格区域，然后选择"开始"→"样式"→"套用表格格式"下拉列表中的一种表格样式，此时系统会弹出"套用表格式"对话框，如图 1-13 所示。用户根据实际需要，勾选（或取消勾选）"表包含标题"复选框，单击"确定"按钮，即可将选定的表格样式运用到选择区域。

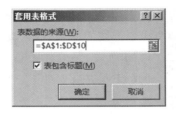

图 1-13　"套用表格式"对话框

表格格式套用完成后，该表格区域也随之转换为列表。列表和普通表格区域有着明显区别，如列表的标题上会有"筛选"按钮，用户可以通过它来筛选记录（该部分知识会在后续章节介绍）。同时，列表还被定义了名称。为了便于用户理解和使用，Excel 允许将列表转换为普通区域。用户可以将活动单元格定位到列表内任一单元格，然后执行"设计"→"工具"→"转换为区域"命令，并在弹出的确认对话框中单击"确定"按钮，即可完成转换。

> **小技巧**
>
> 数据处理完成后，用户往往会给工作表添加表头，即选中表格的第一行中若干个单元格，然后执行"开始"→"对齐方式"→"合并后居中"命令。需要提醒的是，"合并并居中"是对有限数量的单元格操作，不能针对整行或整列。

第2章
公式的使用

  Excel 最为强大的功能在于数据计算与分析，而公式和函数是数据计算与分析的基础。这里的数据计算，不单包含了数值型数据的加、减、乘、除运算，还涵盖字符型、日期时间型和逻辑型数据的各类运算。在完成数据计算的基础上，还为后期的数据分析奠定了基础。本章将讲解 Excel 公式基础、运算符、相对引用、绝对引用和混合引用，以及公式调试等相关知识。

※ 知识目标
- ■ 理解公式的概念和组成结构；
- ■ 理解各种运算符的含义和运算符的优先级；
- ■ 理解相对引用、绝对引用和混合引用的含义和作用；
- ■ 了解公式调试中各种错误提示的含义。

※ 能力目标
- ■ 掌握公式的输入和编辑方法；
- ■ 掌握括号运算符的使用方法；
- ■ 掌握相对引用、绝对引用和混合引用的操作方法；
- ■ 掌握公式调试的操作方法。

2.1 公式基础

在 Excel 中，公式是数据计算和分析的基础，合理使用公式可以有效减少表格字段，简化数据录入，进而减少由数据录入引起的误操作和数据的不一致，提高工作效率。

2.1.1 公式的组成

公式是以"="开头，通过各种运算符将数据常量、单元格引用、区域名称和函数等数据对象，按照一定顺序连接而形成的表达式，用于完成各种数据运算，如算术运算、逻辑关系运算和文本运算等。

公式中的数据常量是指由人工录入的固定不变的数据，如数值 510、字符"China"、日期"2018 年 4 月 23 日"等。单元格引用指的是对工作表中某个单元格（或单元格区域）数据的引用，如单元格 B8（B 列第 8 行单元格）、数据区域 B1:B10（从 B1 到 B10 这个范围的 10 个单元格）。区域名称是由用户为特定单元格（或单元格区域）定义的名称，如定义名称 B1:B10 区域为"gongzi"，那么公式"=Average(gongzi)"就等同于"=Average(B1:B10)"。

同时，为了进一步方便表格数据计算，Excel 向用户提供了许多内置函数。在调用这些函数时，用户只需要给出函数名和相应的参数，就可以完成函数运算，如公式"=Sum(B1:B10)"表示对数据区域 B1:B10 进行求和运算，"=Average(B1:B10)"表示对数据区域 B1:B10 进行求平均值运算。

运算符是公式中用于连接计算对象的符号，如数值加"+"、数值减"-"、字符串连接"&"等。

2.1.2 运算符

在 Excel 中，数据运算符是公式不可或缺的组成部分，主要包括算术运算符、文本运算符和关系运算符。

1. 算术运算符

算术运算符是用户最为常见的运算符，用于完成各种数学运算，运算结果为数值型数据，如加"+"、减"-"、乘"*"、除"/"、乘方"^"和百分比"%"等。其中，录入公式"=10%"的结果是 0.1，录入公式"=3^2"结果就是 9。

2. 文本运算符

文本运算符是针对字符型数据进行的运算，运算结果为字符型数据。Excel 中仅有一个字符串连接运算符"&"，用于将两个字符型数据首尾相连，如录入公式="Hello,"&"China" 得到的结果就是"Hello,China"，注意字符型数据需要使用双引号标识。

3. 关系运算符

关系运算符是用于实现数据对象逻辑比较的运算符，即比较数据对象的大小关系，运算结果为逻辑型数据（True 或 False）。关系运算符包括大于">"、大于等于">="、小于"<"、小于等于"<="、不等于"<>"和等于"="6 种，如公式"=6<=8"的结果为 True。参与关系运算的数据对象除了可以是数值型数据外，还可以是字符型数据和逻辑型

数据，三种类型的数据的大小关系是逻辑型数据大于文本型数据，文本型数据大于数值型数据。

> **小技巧**
>
> 　　使用运算符"&"连接两个数值型数据时，Excel 会将数值型数据转换为字符型数据，然后相连接得到新的文本型数据。如输入公式"=12&58"得到文本型"1258"，而非"=12+58"得到数值型 70。

2.1.3　运算优先级

当一个公式表达式中存在多个运算符时，表达式要按照一定的先后顺序来计算，这个顺序就是运算优先级。也就是说，运算优先级决定了公式的运算顺序。

Excel 中运算符优先级，由高到低依次为：乘方"^"→负号"-"→百分比"%"→乘"*"、除"/"→加"+"、减"-"→文本连接"&"→比较运算符">、>=、<、<=、<>、="。运算优先级相同的多个运算符，按照自左向右的顺序依次运算。Excel 公式支持使用圆括号，用户可以将先计算的部分放到圆括号内。同时，考虑到使用括号编写公式表达式更有利于用户理解和阅读，建议合理使用。

2.2　单元格引用

为了提高公式录入效率，用户可以在录入公式时采用键盘和鼠标协同操作的方式。如录入公式"=A1+B1"时，可以用键盘在单元格（或编辑栏）里输入"="，然后用鼠标单击 A1 单元格，将"A1"输入到"="后，再次使用键盘输入"+"，然后再用鼠标单击 B1 单元格，将"B1"输入到"+"后，最后按 Enter 键完成公式录入。

为了达到引用单元格数据变化，公式计算结果动态变化的目的，在使用公式过程中，时常会用到单元格（或单元格区域）的引用。引用的作用相当于链接，指明了公式中数据的引用位置。在 Excel 中有相对引用、绝对引用和混合引用 3 种引用形式。

2.2.1　相对引用

相对引用指的是公式所在单元格与被引用单元格之间的相对位置关系，当将公式单元格复制到目标单元格时，单元格中的公式地址会随之发生相对的改变。相对引用采用的是"列名 + 行数字"的形式，如单元格 B3。

下面举例说明相对引用的使用方法，首先对存储有公式"=A1+B1"的单元格 C1 进行复制，然后到单元格 C2 粘贴，则公式会发生相应改变。此时，单元格 C2 中的公式为"=A2+B2"。如果将该公式复制到单元格 D3 时，公式会变化为"=B3+C3"。通过例子可以知道，相对引用的单元格位置是随着公式所在的单元格位置变化而变化的。

2.2.2 绝对引用

相对于相对引用的单元格位置随公式位置变化而变化，绝对引用则是引用单元格（或数据区域）地址是绝对地址，即被引用的单元格（或数据区域）和引用单元格之间的关系是绝对的。当绝对引用的公式复制到其他单元格时，绝对地址的位置不发生任何改变，即行和列位置都保持不变。绝对引用在列名和行数字前分别添加"$"符号，如"$B$3"表示对单元格 B3 的绝对地址引用。

下面举例说明绝对引用的使用方法，首先对存储有公式"=$A$1+$B$1"的单元格 C1进行复制，然后到单元格 C2 粘贴，此时单元格 C2 中的公式保持不变，继续为"=$A$1+$B$1"。如果将该公式复制到单元格 D3 时，该公式还是保持原样，即"=$A$1+$B$1"。通过例子可以知道，绝对引用是无论公式所在的单元格位置如何变化，公式都始终保持原样不变。

2.2.3 混合引用

除了上述相对引用和绝对引用之外，有时会需要用到单元格引用部分保持不变，而部分随之变化的情况，这就是相对引用和绝对引用的混合，称为混合引用。混合引用在列名或行数字两者中的一个前添加"$"符号。如混合引用"$B3"，表示公式所在的单元格位置发生列位置变化时，公式引用保持不变，而发生行位置变化时，公式随之变化。而混合引用"B$3"恰巧相反，表示公式所在的单元格位置发生列位置变化时，公式引用随之变化，而发生行位置变化时，公式保持不变。

> **小技巧**
>
> 选中相对引用单元格，按"F4"键可实现绝对引用、混合引用和相对引用的切换。如选择公式"=A1"的单元格，按"F4"键，公式将变成"=$A$1"，再按"F4"键变成"=A$1"，再按"F4"键变成"=$A1"，再按"F4"键变成"=A1"。

2.2.4 外部引用

通常情况下，我们对工作表的操作都是在一个工作表内完成的，但有时也需要跨工作表，甚至跨工作簿来完成操作，这就是 Excel 的外部引用。

1. 跨工作表引用

跨工作表引用指的是在同一个工作簿里的不同工作表间的引用，使用方法是在引用单元格前加上对应工作表引用（即工作表的名称），并使用符号"!"进行隔开。格式为："工作表名称!单元格地址"，如"=Sheet2$B$3"表示绝对引用了 Sheet2 工作表中的 B3 单元格。通常情况下，对跨工作表的引用一般都采用绝对地址引用，这样既使该公式移动到其他位置，也使所引用的单元格地址不会发生改变。

2. 跨工作簿引用

跨工作簿引用是指引用其他工作簿的单元格，引用格式为 [工作簿名称] 工作表名称!单元格引用，如"=[大学生标准] 百米测试 !$D$1"。一般情况下，跨工作簿引用时需要将引用的工作簿打开。如果没有打开该工作簿，需要在单元格引用的工作簿名称前标注出该文件的存放路径，并用单引号括起来，如 "='E:\ 测试 \[大学生标准] 百米测试 '!\$D\$1"。

3. 三维引用

当要引用多个工作表中的相同单元格位置时，可以使用三维引用。其格式为 "工作表名称 1: 工作表名称 N! 单元格引用"。如某工作簿存放了三个班级的成绩，名称分别为 "1 班""2 班" 和 "3 班"，3 个工作表的相同位置 D1 单元格存放了对应班级的平均成绩。则计算这三个班的平均成绩，可以使用三维引用公式 "=Average(1 班 :3 班 !\$D\$1)"。

> **小技巧**
>
> 当被引用的工作表名称修改时，跨工作表引用方式的工作表名称会随之自动更改，无需人工干预。但这种情况不适用于跨工作簿的引用，即跨工作簿引用修改工作簿名称时，相关联的工作簿名称必须手动修改。

2.3　公式调试

在 Excel 中，公式作为重要的数据计算手段，使用频率很高，加上部分计算公式十分复杂，公式出现错误在所难免。当发生错误时，该如何读懂系统错误提示？利用公式审核工具来追踪引用单元格和从属单元格，找出错误原因显得至关重要。

2.3.1　常见公式错误

提示出错信息是 Excel 公式审核的基本功能之一。在使用公式和函数进行计算的过程中，如果使用不正确，Excel 会在相应的单元格里提示错误信息。了解错误提示信息的含义，将有助于用户发现和改正错误。

在公式使用过程中，常见的出错提示信息归纳起来主要有以下几种：

- ######：当列宽不足，或使用了负值的日期或时间时，产生该错误提示；
- DIV/0：当除数是 0 时，产生该错误提示；
- #N/A：公式或函数中没有可用的数值时，产生该错误提示；
- #NAME?：公式或函数中使用了不能识别的名称时，产生该错误提示；
- #NULL!：当指定两个并不相交的区域交叉点时，产生该错误提示；
- #NUM!：公式或函数中使用了无效的数值时，产生该错误提示；
- #REF!：公式中引用了无效的单元格时，产生该错误提示；
- VALUE!：使用了错误的参数或运算对象类型时，产生该错误提示。

2.3.2　引用追踪

当工作表使用的公式非常复杂时，往往很难搞清楚公式与值之间的引用关系。如某一单元格的公式引用了其他多个单元格，而该单元格又被别的单元格公式所引用。针对这一问题，Excel 提供了引用追踪功能，该功能分为追踪引用单元格和追踪从属单元格两类。

1．追踪引用单元格

如果在选定的单元格中包含了一个公式或函数，在公式或函数中包含了其他单元格，这些被包含的单元格称为引用单元格。使用单元格追踪功能，可以在选定要审核的单元格（含引用单元格公式的单元格）后，执行"公式"→"公式审核"→"追踪引用单元格"命令。这时公式追踪功能会将公式引用的单元格用蓝色箭头标出。如果想取消该追踪箭头，可以执行"公式审核"→"移去箭头"命令。

2．追踪从属单元格

追踪从属单元格和追踪引用单元格的功能与操作类似，但侧重点不同。前者强调的是该单元格引用了哪些其他单元格，后者则强调该单元格被哪一个单元格所引用。使用追踪从属单元格功能可以在选定要审核的单元格（被引用单元格）后，执行"公式"→"公式审核"→"追踪从属单元格"命令。这时公式追踪功能会将单元格从属关系用蓝色箭头标出。还可以执行"公式审核"→"移去箭头"命令，取消蓝色箭头。

> **◀) 小技巧**
>
> 当出现了公式错误提示时，用户可以通过执行"公式"→"公式审核"→"错误检查"命令，进行错误检查和分析。也可以执行"错误检查"→"追踪错误"命令进行错误追踪，进而发现造成错误的原因。

2.3.3　公式求值

除了上述引用追踪功能外，Excel 还提供了公式求值功能。使用该功能，可以查看公式的计算过程，以及每一步的计算结果。用户在选定要审核的单元格（含引用单元格公式的单元格）后，执行"公式"→"公式审核"→"公式求值"命令，打开"公式求值"对话框，如图 2-1 所示。通过重复单击该对话框中的"求值"按钮，并观察右侧的"求值"栏，可以看到公式计算的全部过程。直到公式计算出现结果，此时"求值"按钮会变为"重新启动"按钮，再次单击该按钮可以重复演示。

图 2-1　"公式求值"对话框

第 3 章

函数的使用

　　函数是除公式之外，Excel 具有强大数据处理功能的又一有力支撑。通过函数功能，可以实现复杂的数据计算和数据分析，简化公式录入，提高工作效率。本章将详细介绍函数的基础知识、函数分类和函数的使用，以及其他相关知识。

※ 知识目标

- 了解函数结构和函数类型；
- 理解函数结构中参数的含义和函数嵌套相关知识；
- 理解名称定义的意义和作用。

※ 能力目标

- 掌握函数的使用方法；
- 掌握函数编辑和函数嵌套的操作方法；
- 掌握名称的定义和使用方法。

3.1 函数基础

函数是 Excel 数据计算与分析的基础，是对常用数据计算的有效集成，它降低了公式录入的难度，提高了数据计算的效率。Excel 内置了多种函数，如数学和三角函数、统计函数、文本函数、日期和时间函数、逻辑函数、查询和引用函数、数据库函数、工程函数、财务函数、信息函数，以及用户自定义函数等。

3.1.1 函数结构

函数是在由 Excel 预先定义的，并按照一定的格式结构和计算顺序对数据进行计算和分析，它是公式的抽象化和高度凝练。对于函数的使用，用户可以根据函数结构，按照函数参数设定来调用。由于函数是公式的特殊化，所以在单元格输入函数公式时也需要用 "=" 开头，且函数名称不区分字母大小写。

在 Excel 中，每一个函数都具有类似的函数结构，即函数名 (参数 1, 参数 2,...)。其中，函数名为函数的唯一标识，决定了函数的功能和作用。函数的各个参数位于括号内，各参数间用逗号隔开。参数为函数的输入值，是参与函数计算的数据，可以是数值、文本、日期时间、逻辑值、表达式、区域名称、单元格引用和其他函数（函数嵌套）。如 "=Average(A1:A10)" 表示计算数据区域 A1:A10 的数据平均值；"=Sum(A1:A10)" 表示计算 A1:A10 的数据和；"=Max(A1:A10)" 表示计算 A1:A10 的最大值；"=Min(A1:A10)" 表示计算 A1:A10 的最小值；"=Count(A1:A10)" 表示统计 A1:A10 的数值个数。

Excel 中也有一些函数没有参数，如系统日期函数 Today()、系统时间函数 Now()、行数函数 Row() 和列数函数 Column() 等。使用这部分函数时，直接调用函数即可。如 "=Today()" 即可获取当前系统日期。

所谓的函数嵌套，就是当处理复杂计算时，用户可以在函数中调用其他函数作为参数来使用，即在函数中嵌套使用其他函数。

3.1.2 函数类型

根据应用领域和操作的数据类型不同，可以将函数分为数字和三角函数、文本函数、日期和时间函数、逻辑函数、查找和引用函数、财务分析函数、信息函数、工程函数、数据库函数等多种函数类型。

数字和三角函数是使用频率最高的函数之一，主要负责数值型数据和数学三角函数方面的数学计算，如四舍五入函数 Round、求余数函数 Mod、求正弦值函数 Sin 等。文本函数也是使用频率很高的函数，主要负责文本类型数据的计算，如字符串截取函数 Left、Right 和 Mid 等。日期和时间函数主要负责日期时间类型数据的计算，如求系统日期函数 Today、求系统时间函数 Now、求日期间隔函数 Datedif 等。逻辑函数主要负责针对表达式进行真假判断，或者进行复合检验，如条件函数 If、求并运算函数 And、求或运算函数 Or 等。其中，逻辑函数中使用频率最高的是 If 函数。查找和引用函数主要负责在工作表中查找特定的数据，或者特定的单元格引用，如查找定位函数 Lookup、Vlookup 和 Hlookup 等。财务分析函数主要负责财务相关方面的数据计算，如计算固定资产折旧值函数 DB、计算可返回投资回报的未来值函数 FV 等。信息函数主要用于返回单元格区域的格式、保存路径和系统相关信息。工程函数主要用于复数和积分处理、进制转换和度量转换。数据库函数主要负责与数据库相关的数据计算。

3.1.3 常用函数介绍

Excel 提供了多种类型的函数。作为初学者刚开始接触，这里介绍几个常用的函数，以便大家对函数有一个基本认识，见表 3-1。更多函数相关知识将在后面章节进行详细介绍。

表 3-1 常用函数表

函数名称	语法结构	说明
求和函数 Sum	Sum(number1, number2,...)	计算指定单元格（或单元格区域）所有数值的和。如 Sum(A1,B1,C1) 或者 Sum(A1:C1) 的作用是计算 A1、B1 和 C1 单元格数值的和
平均值函数 Average	Average(number1, number2,...)	返回所有参数的算术平均值。如 Average(A1,B1,C1) 或者 Average(A1:C1) 的作用是计算 A1、B1 和 C1 单元格数值的平均值
计数函数 Count	Count(value1,value2,...)	计算单元格区域中包含数字的单元格个数。如 Count(A1,B1,C1) 或者 Count (A1:C1) 返回的是 A1、B1 和 C1 单元格中数值的个数
最大值函数 Max	Max(number1, number2,...)	返回一组数值中的最大值。如 Max(A1,B1,C1) 或者 Max(A1:C1) 返回的是 A1、B1 和 C1 单元格中最大的数值
最小值函数 Min	Min(number1, number2,...)	返回一组数值中的最小值。如 Min(A1,B1,C1) 或者 Min(A1:C1) 返回的是 A1、B1 和 C1 单元格中最小的数值

3.2 函数使用

使用函数可以简化公式编写，增加公式的易读性，并有效地提高工作效率。在 Excel 中使用函数参与数据计算时，需要掌握函数使用的基本方法。

3.2.1 函数录入

函数录入是使用函数的基础，Excel 支持使用求和按钮录入、使用"插入函数"对话框录入和手工直接录入 3 种方式。

1. 使用求和按钮录入

Excel 针对常用的求和、求平均值、求最大值、求最小值和计数等函数，集成到了"开始"→"编辑"→"求和"按钮的下拉选项中，如图 3-1 所示。

用户在使用该功能时，可以通过单击"求和"按钮（使用求和运算时），或者选择"求和"按钮右侧的下拉选项选择其他命令，然后输入相应的参数，按 Enter 键确认。

同时，当用户使用上述求和等函数时，如果活动单元格（即计算结果存放单元格）和参与计算的单元格相邻，而且活动单元格位于计算单元格的右侧（或下方）时，用户还可以选择从活动单元格起至包含全部参与计算的单元格区域。完成区域选择后再选择"求和"按钮或按钮右侧的下拉选项的其他命令，也可以完成计算操作。

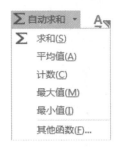

图 3-1   "求和"按钮的下拉选项

2. 使用"插入函数"对话框录入

上述通过"求和"按钮录入函数的方法简单便捷，但它只包含最常用的几个函数命令，使用其他函数时就不太方便了，这时用户可以通过使用"插入函数"对话框的方法来完成。

首先选择活动单元格，然后执行"公式"→"函数库"命令，此处按照函数类别将函数分类，用户可以通过选择相应函数分类右侧的下拉选项选择命令，打开"函数参数"对话框，依次输入相应的参数。同时，为了便于用户理解和使用函数，Excel 在"函数参数"对话框中提供了函数每一个参数的说明，以及"有关该函数的帮助"链接，用户可以借助于这些设置更好地理解和使用函数。如逻辑函数 If 的各参数设置如图 3-2 所示，当单元格 A2 中存储值为"男"时，当前单元格显示"先生"，否则显示"女士"。

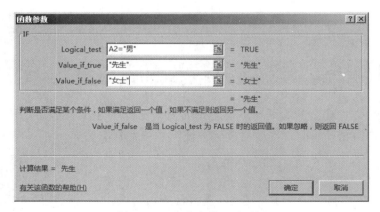

图 3-2   "函数参数"对话框

用户也可以通过"函数库"中的"插入函数"按钮，或者单击编辑栏上的"插入函数"按钮，打开"插入函数"对话框，如图 3-3 所示。在该对话框中选择相应的函数后，单击"确定"按钮，打开"函数参数"对话框，然后再输入函数参数，完成函数的使用。

Excel 的功能设计十分人性化，它会将用户近期使用过的函数默认显示在"插入函数"对话框的最前面，以便再次使用。在该对话框中，用户还可以通过"搜索函数"或选择函数类别功能来提高函数查找的速度。同时，考虑到插入函数操作的使用频率高，Excel 还提供组合键 Shift+F3 来打开"插入函数"对话框。

图 3-3 "插入函数"对话框

3. 手工录入

对于函数掌握比较熟练的用户来说，除了上述方法外，还有手工录入函数的方法。该方法最大的特点是纯手工键盘录入，录入效率高。用户可以通过在编辑栏里直接录入函数，以及函数中各个参数来完成函数的使用。手工录入的方法对用户熟练使用函数的能力要求较高，不建议初级用户使用。对于有一定基础的用户来说，手工录入可以提高效率，同时多加练习便可熟能生巧。

3.2.2 函数编辑

在函数的使用过程中，函数录入错误在所难免。对函数的编辑和函数录入的方法基本相同。用户可以通过双击要编辑的单元格，进入公式和函数的编辑状态，或者在选中单元格后，通过在编辑栏编辑来完成操作。

在函数的录入和编辑过程中，建议用户要深入理解函数和函数参数的含义，充分利用函数的相关提示，如函数功能提示和参数说明提示等。

3.2.3 函数嵌套

为了完成复杂的数据计算，用户可以使用函数嵌套的方法，即将一个函数来做另一个函数的参数。函数嵌套的内部函数返回值必须符合调用函数对应的参数数据类型。

例如，公式"=If(And(D2>=0,D2<60),"不及格","及格")"使用了嵌套函数。该公式使用了 If 函数，且 If 函数在判断条件参数位置嵌套了 And 函数。其中，If 函数会根据并且运算函数 And 的返回值来决定返回值（当函数 And 返回 True 时，If 函数返回"不及格"，否则返回"及格"）。而 And 函数要根据表达式 D2>=0 和 D2<60 的判断结果是否为 True（两个条件同时为 True 时，And 函数的返回结果为 True，否则为 False）来决定其返回值。

对于上述公式的录入，用户可以在编辑栏里直接录入，也可以使用"插入函数"对话框来完成。下面对使用"插入函数"对话框的方法和操作步骤进行详细介绍。

选定单元格后，首先单击编辑栏上的"插入函数"按钮，在弹出的"插入函数"对话框中选择 If 函数，单击"确定"按钮，打开 If 函数的"函数参数"对话框。将光标定位到该对话框的第一个参数 Logical_test 文本框内，然后单击编辑栏最左侧的下拉选项，选择"其他函数"命令，再次打开"插入函数"对话框。然后选择 And 函数，单击"确定"按钮，打开 And 函数的"函数参数"对话框。在该对话框中依次录入参数，如图 3-4 所示。参数录入完成后，将光标定位到编辑栏公式编辑区的 If 函数名称上，此时对话框会切换为 If 函数的"函数参数"对话框。再录入 If 函数的两个参数，如图 3-5 所示。核对公式无误后，单击"确定"按钮即可。

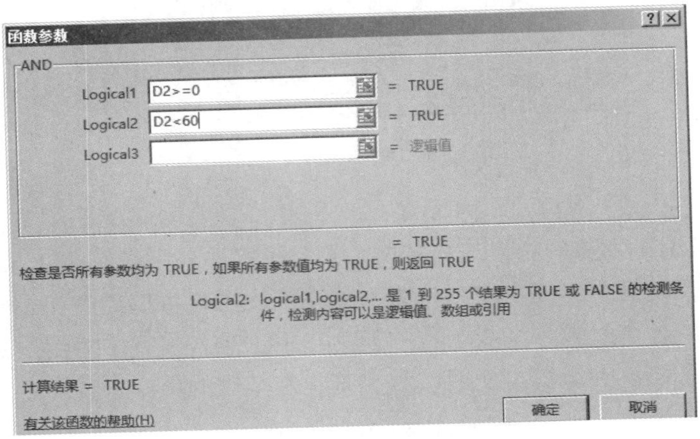

图 3-4 "And 函数参数"设置

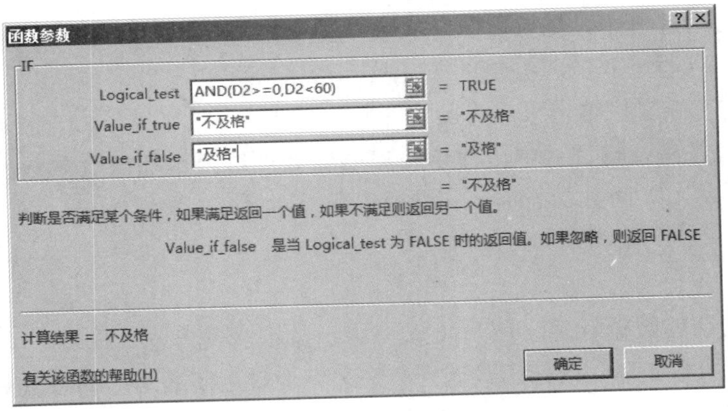

图 3-5 "If 函数参数"设置

在上述公式录入过程中，如果出现录入错误，或操作失误将"函数参数"对话框关闭时，用户可以将光标定位到编辑栏相应的函数名称位置，按组合键 Shift+F3 来打开相应的"函数参数"对话框。

> **小技巧**
>
> 　　考虑到嵌套函数在录入和理解方面的难度，用户可以通过使用辅助单元格将嵌套函数分解的方法来处理。如上述公式可以借助单元格 G2，在 G2 中录入公式 "=And(D2>=0,D2<60)"，然后原公式变换为 "=If(G2," 不及格 "," 及格 ")"。

3.3　名称使用

　　定义名称是 Excel 十分重要的一项功能，它虽不是必须的操作项，但却有着重要意义。因为通过定义名称功能可以将单元格区域、函数、常量或者表格定义为一个名称，在后面的 Excel 公式录入和编辑过程中，可以大幅度简化操作，使得公式和函数更便于理解和维护。

3.3.1　名称定义

　　为单元格区域或其他对象定义名称后，在公式和引用中就可以通过名称来操作相应的单元格区域，从而简化公式录入。在定义名称时，必须遵循以下规则：

- 名称的第一个字符必须是字母、文本或小数点；
- 名称最多包含 255 个字符，且名称中的字母不区分大小写；
- 名称定义时应该遵守 "见名知意" 的原则，即看到名称就能够知道该名称的含义，或其代表的意思；
- 名称不能使用 Excel 软件的预留关键字或函数名。

　　一般情况下，定义名称可以通过以下两种方法完成。一种是用户可以在选择单元格区域后，通过在编辑栏最左侧的名称框输入名称，然后按 Enter 键来完成。另一种是通过执行 "公式"→"定义的名称"→"定义名称" 命令，打开 "新建名称" 对话框来完成，如图 3-6 所示。在该对话框中，依次输入 "名称"、使用 "范围" 和 "引用位置"（定义名称的单元格区域）等信息，然后单击 "确定" 按钮完成名称的定义。

图 3-6　"新建名称" 对话框

3.3.2 名称使用

名称定义后，用户就可以像使用单元格一样使用名称。例如，在公式中使用上述定义的名称"税率"就可以代替"Sheet1!$E$2"，用户可以录入公式"=E1*税率"来代替"=E1*Sheet1!$E$2"。这样十分有利于绝对地址单元格的被重复引用，尤其是跨工作表引用时优势更为明显。

在使用名称时，可以通过手工输入的方法，或者通过执行"公式"→"定义的名称"→"用于公式"下拉选项中的命令，在公式中插入名称。对于已有名称，用户可以通过执行"公式"→"定义的名称"→"名称管理器"命令，打开"名称管理器"对话框，如图 3-7 所示。通过使用对话框中的"新建""编辑"和"删除"按钮来完成名称的新建、编辑和删除操作。

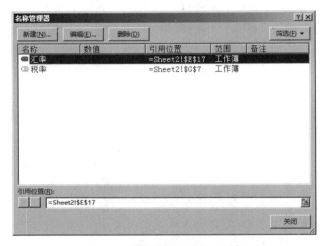

图 3-7 "名称管理器"对话框

第 4 章

常用函数

　　常用函数是 Excel 的重要组成部分，是 Excel 数据计算的主要手段，相比 Excel 公式来说，具有函数种类丰富、操作简单和功能强大等诸多优点，能够简化复杂公式的录入，提高数据计算效率。本章将针对日常工作中的常用函数进行详细讲解，分别介绍数学与统计函数、文本函数、日期时间函数、查找与引用函数、逻辑函数等相关知识。

※ **知识目标**

- ■ 理解数学与统计函数的含义和各个函数结构；
- ■ 理解文本函数的含义和各个函数结构；
- ■ 理解日期时间函数的含义和各个函数结构；
- ■ 理解查找与引用函数的含义和各个函数结构；
- ■ 理解逻辑函数的含义和各个函数结构。

※ **能力目标**

- ■ 掌握数学与统计函数中各函数的使用方法；
- ■ 掌握文本函数中各函数的使用方法；
- ■ 掌握日期时间函数中各函数的使用方法；
- ■ 掌握查找与引用函数中各函数的使用方法；
- ■ 掌握逻辑函数中各函数的使用方法。

4.1 数学与统计函数

在 Excel 中，数学与统计函数（正文中为首字母大写形式，图中为全大写形式，正文中和图中只要字母拼写相同就为同一函数）是用户最常用的函数之一。这类函数本身并不复杂，用户可以通过该函数组处理常用的数值计算问题，如对数值求平均值、计算单元格区域中的数值总和或者其他复杂的数学与统计计算。

4.1.1 绝对值函数——Abs

Abs 函数用于计算数值型数据的绝对值，且返回该数值。所谓绝对值，就是一个数字不带其正负符号的形式。该函数的语法结构为：

Abs(number)

该函数参数的含义如下：

number：需要计算其绝对值的实数。

Abs 函数的使用效果如图 4-1 所示。

	A	B	C	D	E	F	G
1	数据	11	-4	0.94	0	t6D7	软件技术
2	函数	=ABS(B2)	=ABS(C2)	=ABS(D2)	=ABS(E2)	=ABS(F2)	=ABS(G2)
3	结果	11	4	0.94	0	#VALUE!	#VALUE!
4	说明	11的绝对值	-4的绝对值	0.94的绝对值	0的绝对值	非数值型参数，则函数返回错误值#VALUE!	非数值型参数，则函数返回错误值#VALUE!

图 4-1 Abs 函数

小技巧

Abs 函数的参数只能是一个数值型数据、单元格或表达式，不支持使用单元格区域和数组。如果 Abs 函数的参数 number 为非数值型参数，则函数返回错误值"#VALUE!"。

4.1.2 平均值函数——Average/Averageif/Averageifs

日常工作中，我们经常要计算一些平均值，如每个部门的平均工资、每人的月均销售额等，这时就会对数据进行求平均值计算。在 Excel 中，涉及求平均值的函数主要有 Average、Averageif 和 Averageifs 等。

1. Average 函数

Average 函数是 Excel 中最常用的函数之一，是对数值型数据进行求平均值计算，且返回结果数值的函数。该函数的语法结构为：

Average(number1,[number2],...)

该函数参数的含义如下：

number1,[number2],...：参与计算平均值的相关数字、单元格引用或单元格区域，最多可包含 255 个参数。

Average 函数的使用效果如图 4-2 所示。

	A	B	C	D	E	F	G	H	I
1	数据	2	4	6	8	ABC	0	TURE	
2	函数	=AVERAGE(B2:D2)			=AVERAGE(E2:H2)			=AVERAGE(3,4,5)	
3	结果	4			4			4	
4	说明	区域B2到D2的平均值			文本、逻辑值将被忽略,但包含零值的单元格将被计算在内			数值3,4,5的平均值	

图 4-2　Average 函数

> **小技巧**
>
> 　　Average 函数参数可以是数字、包含数字的名称、数组或引用。如果数组或引用参数包含文本、逻辑值或空白单元格,则这些值将被忽略,但包含零值的单元格将被计算在内。

2. Averageif 函数

Averageif 函数用于计算某个区域内满足指定条件的单元格的平均值(算术平均值),且返回该数值。若条件中的单元格为空单元格,Averageif 将视其为数值 0。该函数的语法结构为:

Averageif (range,criteria,[average_range])

该函数参数的含义如下:

- ■　range:设置函数筛选条件的对比区域,其中包含数字或包含数字的名称、数组或引用。若 range 为空值或文本值,averageif 将返回错误值"#DIV0"。
- ■　criteria:形式为数字、表达式、单元格引用或文本的条件,用来定义参与计算平均值的单元格规则。如果条件中的单元格为空单元格,averageif 就会将其视为 0 值。该函数支持在条件中使用通配符,即问号"?"和星号"*"。其中,"?"匹配任意单个字符,"*"匹配任意多个字符。如果要查找实际的问号或星号,可在字符前键入波形符"~"。
- ■　average_range:计算平均值的实际单元格区域。如果省略,则默认使用 range 参数。

Average 函数的使用效果如图 4-3 所示。

3. Averageifs 函数

Averageifs 函数是 Averageif 函数的功能扩展函数,用于计算某个区域内满足多个指定条件的单元格的平均值(算术平均值)且返回该数值。该函数的语法结构为:

Averageifs(average_range,criteria_range1,criteria1,[criteria_range2,criteria2],...)

该函数参数的含义如下:

- ■　average_range:要计算平均值的一个或多个单元格,其中包含数字或包含数字的名称、数组或引用。

	A	B	C	D
1		地区	城市	销售额
2		西南地区	成都	52416
3		西南地区	重庆	36288
4		西南地区	昆明	84562
5	数据	西南地区	贵阳	25666
6		西北地区	兰州	34272
7		西北地区	西安	50400
8		华南地区	广州	38304
9		华南地区	深圳	42336
10		华北地区	天津	32256
11		华北地区	北京	84672
12	函数	=AVERAGEIF(B2:B11,"西北地区",D2:D11)		=AVERAGEIF(D2:D11,">50000")
13	结果	42336		68012.5
14	说明	在B2:B11区域里查找值为"西北地区"的地区，找到后将相对应的D2:D11区域里的值（只有D6和D7）求平均值		在D2:D11区域里查找值大于"50000"的销售额，找到后将相对应的D2:D11区域里的值（只有D1、D3、D7和D11）求平均值。average_range参数省略，则使用range参数

图 4-3　Averageif 函数

- criteria_range1：计算条件的对比区域，该参数作为第一个条件区域是必需项，Excel 最多支持 1 ～ 127 个条件区域。
- criteria1：针对条件区域 criteria_range1 的计算条件，该参数作为第一个条件是必需项，形式为数字、表达式、单元格引用或文本。支持在条件中使用通配符，即问号"?"和星号"*"。其中，"?"匹配任意单个字符，"*"匹配任意多个字符。如果要查找实际的问号或星号，请在字符前键入波形符"～"。
- criteria_range2,criteria2：要进行判断的第 2 ～ 127 条件区域和条件，该参数为非必需项，用户可以根据需要选择使用。

Averageifs 函数的使用效果如图 4-4 所示。

	A	B	C	D
1		地区	城市	销售额
2		西南地区	成都	52416
3		华北地区	重庆	36288
4		华北地区	昆明	14562
5	数据	西南地区	贵阳	25666
6		西北地区	兰州	34272
7		西北地区	西安	50400
8		华南地区	广州	38304
9		华南地区	深圳	42336
10		华北地区	天津	22256
11		华北地区	北京	84672
12	函数	=AVERAGEIFS(D2:D11,B2:B11,"华北地区",D2:D11,">30000")		
13	结果	60480		
14	说明	在B2:B11区域里查找值为"华北地区"的记录，同时在D2:D11区域里查找值大于30000的记录，将两个条件都满足的行对应的D2:D11区域里的值求平均值		

图 4-4　Averageifs 函数

4.1.3　最大值函数——Max/Large

在日常工作中，求数值组的最大值是常用操作。Excel 可以十分轻松地计算出最大值，而且不但可以计算出最大值，还可以计算出指定排序中的任意大的值，如考试成绩中的第 2 名是多少分。

1. Max 函数

Max 函数是 Excel 中最常用的函数之一，用于计算一组数值型数据的最大值，且返回该数值。该函数的语法结构为：

Max(number1,[number2],...)

该函数参数的含义如下：

■　number1,[number2],... : 表示要从中找出最大值的数值型数据组，最多支持 255 个参数。可以将参数指定为数值、空白单元格、逻辑值或数字格式的文本表达式。若参数为错误值或不能转换成数字的文本，将产生错误。若参数不包含数值，则函数返回 0。

Max 函数的使用效果如图 4-5 所示。

	A	B	C	D	E	F	G
1	数据	11	-4	0.94	0		软件技术
2	函数	=MAX(B1,C1,D1)		=MAX(C1:F1)		=MAX(G1)	
3	结果	11		0.94		0	
4	说明	计算B1,C1,D1这三个单元格中的最大值		计算C1:F1这个区域中的最大值		如果参数不包含数字，函数MAX返回0(零)	

图 4-5　Max 函数

> **小技巧**
>
> 如果函数参数为数组或引用，则只有数组或引用中的数字将被计算，数组或引用中的空白单元格、逻辑值或文本将被忽略。如果逻辑值和文本不能忽略，可以考虑使用函数 Maxa 来代替。

2. Large 函数

使用 Excel 进行数据计算时，时常会用到数据统计和排序的功能，而 Large 函数就是该功能中的一个重要函数。该函数用于计算数据集合中指定大小排序的最大值，且返回该值。该函数的语法结构为：

Large(array,k)

该函数参数的含义如下：

■　array : 需要从中选择第 k 个最大值的数组或数据区域。若 array 为空，函数 Large 返回错误值 "#NUM!"。

■　k : 返回值在数组或数据单元格区域里的位置（从大到小排序）。若 k ≤ 0 或 k 大于数据的个数，函数 Large 返回错误值 "#NUM!"。

Large 函数的使用效果如图 4-6 所示。

	A	B	C	D	E	F	G
1	数据	11	−4	0.94	0	23	−24
2	函数	=LARGE(B1:G1,1)		=LARGE(B1:G1,3)		=LARGE(B1:G1,6)	
3	结果	23		0.94		−24	
4	说明	计算B1:G1区域中的第1个最大值		计算B1:G1区域中的第3个最大值		计算B1:G1区域中的第6个最大值	

图 4-6   Large 函数

小技巧

当 Large 函数数值区域中的数据个数为 n 时，则函数 Large(array,1) 返回最大值，作用等价于 Max 函数。而函数 Large(array,n) 返回最小值，作用则等价于 Min 函数。

4.1.4 最小值函数——Min/Small

在日常工作中，与计算最大值的操作类似，计算最小值也是数据处理中常用的操作，Excel 也提供了相应函数来完成该操作。

1. Min 函数

Min 函数是 Excel 中最常用的函数之一，与 Max 函数相对应。该函数用于计算一组数值中的最小值，且返回该值。该函数的语法结构为：

Min (number1,[number2],...)

该函数参数的含义如下：

■ number1,[number2],... ：表示要从中找出最小值的数值型数据组，最多支持 255 个参数。可以将参数指定为数值、空白单元格、逻辑值或数字格式的文本表达式。若参数为错误值或不能转换成数字的文本，将产生错误。若参数不包含数值，则函数返回 0。

Min 函数的使用效果如图 4-7 所示。

	A	B	C	D	E	F	G
1	数据	11	−4	0.94	0		软件技术
2	函数	=MIN(B1,C1,D1)		=MIN(C1:F1)		=MIN(G1)	
3	结果	−4		−4		0	
4	说明	计算B1,C1,D1这三个单元格中的最小值		计算C1:F1这个区域中的最小值，空白单元格与非数字单元格忽略		如果参数不包含数字，函数MIN返回0(零)	

图 4-7   Min 函数

小技巧

如果函数参数是数组或引用，则函数 Min 仅使用其中的数字，空白单元格、逻辑值、文本或错误值将被忽略。如果逻辑值和文本字符串不能忽略，用户可以考虑使用 Mina 函数。

2. Small 函数

在 Excel 中查找某系列数据数组中的第几最小值时，可以使用 Small 函数。Small 函数与 Large 函数相对应，用于计算数据集合中指定大小排序的最小值，且返回该值。该函数的语法结构为：

Small(array,k)

该函数参数的含义如下：

- array：需要找到第 k 个最小值的数组或数值型数据区域。若 array 为空，函数 Small 返回错误值 "#NUM!"；
- k：返回的数据在数组或数据区域里的位置（从小到大排序）。若 k ≤ 0 或 k 超过了数据的个数，函数 Small 返回错误值 "#NUM!"。

Small 函数的使用效果如图 4-8 所示。

	A	B	C	D	E	F	G
1	数据	11	-4	0.94	0	23	-24
2	函数	=SMALL(B1:G1,1)		=SMALL(B1:G1,3)		=SMALL(B1:G1,-2)	
3	结果	-24		0		#NUM!	
4	说明	计算B1:G1区域中的最小值		计算B1:G1区域中的第三最小值		k值小于0，函数SMALL返回错误值#NUM	

图 4-8　Small 函数

小技巧

如果 Small 函数的数值区域中的数据个数为 n，则函数 Small(array,1) 返回最小值，作用等价于 Min 函数。函数 Small(array,n) 返回最大值，作用则等价于 Max 函数。

4.1.5　余数函数——Mod

Mod 函数是对数值型数据求余数的函数。特别需要注意的是，Mod 函数是用于返回两个数相除的余数，返回结果的符号与除数的符号相同。若被除数与除数异号，先将被除数和除数看作是正数，再作除法运算，能整除时，其值为 0。不能整除时，余数 = 除数 ×（整商 +1）- 被除数。该函数的语法结构为：

Mod(number,divisor)

该函数参数的含义如下：

■ number：数值型的被除数。

■ divisor：数值型的除数。当 divisor 为零时，函数 Mod 返回错误值 "#DIV/0!"。

Mod 函数的使用效果如图 4-9 所示。

	A	B	C	D	E
1	数据				
2	函数	=MOD(5,4)	=MOD(5,-4)	=MOD(-5,4)	=MOD(-5,-4)
3	结果	1	-3	3	-1
4	说明	5除以4的余数	5除以4的整数商为1，加1后为2；其与除数之积为8；再与被除数之差为(5-8=-3)；取除数的符号。所以值为-3	略	余数符号与除数的符号相同

图 4-9   Mod 函数

小技巧

余数函数 Mod 可以借用 Int 函数来表示，如函数 Mod(N,D) 完全等价于 N-D*Int(N/D)。函数 Mod 参数只能是保存数值型数据的一个单元格，而不能是单元格区域。

4.1.6   随机数函数——Rand/Randbetween

在日常生活中，我们时常会遇到数据抽奖活动，即根据产生的随机数决定抽奖结果，如公司年会中的抽奖等。这时使用 Excel 的随机数函数可以实现抽奖环节的完全公开、公正、透明。

1. Rand 函数

Rand 函数是一个无参数函数，即该函数没有参数。Rand 函数返回一个大于等于 0，且小于 1 的均匀分布的随机数，工作表每次计算时都将返回一个新的数值。合理地将 Rand 函数与 Int 函数组合使用，就能够产生各种位数的随机数。如公式 "=Int(Rand()*100)"，可以产生 0 ~ 100 之间的随机数。该函数的语法结构为：

Rand()

Rand 函数的使用效果如图 4-10 所示。

	A	B	C	D
1	数据			
2	函数	=RAND()	=INT(RAND()*100)	=5+(10-5)*RAND()
3	结果	0.77958481	94	6.220765545
4	说明	返回0及小于1的均匀分布随机数	每次计算工作表时都将返回一个新的数值	产生5到10之间的一个随机数

图 4-10   Rand 函数

若要生成 A 与 B 之间的随机数，可以使用公式 "=Rand()*(B-A)+A" 来实现。如果要控制随机数不随单元格计算改变，可以在编辑栏中输入 "=Rand()"，保持编辑状态，然后按 F9 键，即可将随机数固定保存。

2. Randbetween 函数

Randbetween 函数是在 Rand 函数的基础上改进而来的函数，用于返回位于两个指定数之间的一个随机数，工作表每次计算时都将返回一个新的数值。该函数的语法结构为：

Randbetween(bottom,top)

该函数参数的含义如下：

- ■　bottom：Randbetween 函数可能返回的最小随机数。
- ■　top：Randbetween 函数可能返回的最大随机数。

Randbetween 函数的使用效果如图 4-11 所示。

	A	B	C	D
1	数据			
2	函数	=RANDBETWEEN(3,9)	=RANDBETWEEN(3,9)	=RANDBETWEEN(9,3)
3	结果	7	6	#NUM!
4	说明	返回分布在3到9之间的随机数	工作表每次计算时都将返回一个新的数值	参数top小于bottom

图 4-11　Randbetween 函数

当 Randbetween 函数不可用，且返回错误值 "#NAME?" 时，用户可以通过安装并加载 "分析工具库" 加载宏操作进行尝试。当该函数的参数 top 小于参数 bottom 时，函数返回 "#NUM!"。

4.1.7　统计个数函数——Count/Counta/Countif/Countblank/Countifs

在日常工作中，统计某个元素出现的次数或个数是数据分析中的常用操作。Excel 提供了多个统计个数的函数来满足用户的多场景使用需求。

1. Count 函数

Count 函数是 Excel 最常用的函数之一，用于计算参数列表中包含数值的单元格个数。利用 Count 函数，可以计算单元格区域或数值数组中数值类型的数据个数。若参数是一个数组或引用，那么只统计数组或引用中的数字。而数组或引用中的空白单元格、逻辑值、文本或错误值都将被忽略。如果要统计逻辑值、文本或错误值，用户则可以考虑使用 Counta 函数。Count 函数的语法结构为：

Count(value1,[value2],...)

该函数参数的含义如下：

■   value1,[value2],...：函数包含或引用各种类型数据的参数（1 ~ 255 个），其中只
有数值类型的数据才能被统计。

Count 函数的使用效果如图 4-12 所示。

	A	B	C	D	E	F	G	H	I	J	K
1	数据	TRUE			#DIV/0!	2018/4/3	88	88	我爱Excel	ABC	3
2	函数	=COUNT(B1:K1)									
3	结果	3									
4	说明	空白单元格、逻辑值、文本或错误值都不计算在内，只统计了F1，G1，K3，所以结果为3									

图 4-12   Count 函数

2. Counta 函数

Counta 函数与 Count 函数类似，经常出现在 Excel 统计参数列表中指定项个数的情景
中。Count 函数是用于统计数值数据的数量的，而 Counta 函数用于统计非空单元格的数
量，它不仅可以统计数值数据，还可以统计文本、逻辑值和错误值的数量。该函数的语法
结构为：

Counta(value1,[value2],...)

该函数参数的含义如下：

■ value1,[value2],...：所要计数的各种类型数据的参数（1 ~ 255 个）。

Counta 函数的使用效果如图 4-13 所示。

	A	B	C	D	E	F	G	H	I	J	K
1	数据	TRUE			#DIV/0!	2018/4/3	88	88	我爱Excel	ABC	3
2	函数	=COUNTA(B1:K1)									
3	结果	9									
4	说明	C1单元格虽然看上去是空的，但其内容为=""，只有D1单元格是空的，其余非空，所以结果为9									

图 4-13   Counta 函数

小技巧

Counta 函数参数可以是任何类型，包括数值型、文本型、日期时间型，以及空字
符（""），但不包括空单元格。如果参数是数组或单元格引用，则其中的空单元格将
被忽略。

3. Countif 函数

Countif 函数结合了 Count 函数和 If 函数的功能，用于计算满足指定条件的单元格数量，
即该函数是统计满足单个条件的单元格数量的函数。该函数的语法结构为：

Countif(range,criteria)

该函数参数的含义如下：

■　range：需要统计满足条件的单元格所在的单元格区域。

■　criteria：确定哪些单元格将被统计的条件，其形式可以是数字、表达式或文本。
Countif 函数的使用效果如图 4-14 所示。

	A	B	C	D	E	F	G
1	数据	12	-22	0	66	HOME论坛	SCHOOL
2	函数	=COUNTIF(B1:G1,12)	=COUNTIF(B1:G1,"<0")	=COUNTIF(B1:G1,"<>0")	=COUNTIF(B1:G1,B1)	=COUNTIF(B1:G1,">"&B1)	=COUNTIF(B1:G1,"????")
3	结果	1	1	4	1	1	0
4	说明	返回等于12的单元格数量	返回负值的单元格数量	返回不等于0的单元格数量	返回与单元格B1内容的单元格数量	返回大于单元格B1中内容的单元格数量	返回4个字符长度的文本个数

图 4-14　Countif 函数

4．Countblank 函数

Countblank 函数与 Count 函数和 Counta 函数类似，是 Excel 中使用频率较高的函数，
用于统计指定单元格区域中空白单元格的个数。所谓空白单元格是指没有输入内容的单
元格。对 Countblank 函数来说，满足条件的单元格中必须是没有任何内容的，某些单元
格看上去像是空白的，但实际有内容的不被统计，如某些单元格中有空格。该函数的语
法结构为：

Countblank(range)

该函数参数的含义如下：

■　range：需要统计的包含空白单元格的单元格区域。

Countblank 函数的使用效果如图 4-15 所示。

	A	B	C	D	E	F	G	H	I	J	K
1	数据	TRUE	FALSE		#DIV/0!	2018/4/3	88	88	我爱Excel	ABC	3
2	函数	=COUNTBLANK(B1:K1)									
3	结果	1									
4	说明	只有D1单元格是空的，其余非空，所以结果为1									

图 4-15　Countblank 函数

5．Countifs 函数

Countifs 函数扩展了 Countif 函数的功能，用于计算多个区域满足指定条件的单元格
个数，允许同时设定多个条件。Countifs 函数的用法与 Countif 函数类似，但后者适用于
单一条件的统计，前者适用于多个条件的统计，功能更为强大。该函数的语法结构为：

Countifs(criteria_range1,criteria1,criteria_range2,criteria2,…)

该函数参数的含义如下：

■　criteria_range1：第一个需要计算满足条件的单元格个数的条件区域（简称"条
件区域"）。

■　criteria1：第一个区域中将被计算在内的条件（简称"条件"），其形式可以为数字、
表达式或文本。

■　criteria_range2,criteria2,…：第二个条件区域和第二个条件，以此类推。最终结

果为多个区域中同时满足多个条件的单元格个数。

Countifs 函数的使用效果如图 4-16 所示。

	A	B	C	D
1		工号	商品	销售量
2	数据	A001	农夫山泉	110
3		B001	可口可乐	120
4		A002	可口可乐	130
5		B001	娃哈哈	140
6		B002	娃哈哈	150
7		A002	恒大冰泉	160
8		B003	恒大冰泉	170
9		A001	恒大冰泉	180
10		A002	娃哈哈	280
11	函数	=COUNTIFS(B2:B10,"=A002",D2:D10,"<200")		
12	结果	2		
13	说明	该函数用来统计工号等于"A002"，并且销售量小于200的销售记录有多少条		

图 4-16　Countifs 函数

4.1.8　求和函数——Sum/Sumif/Sumifs/Sumproduct

在日常工作中，时常对数据进行求和运算。Excel 针对各种求和场景提供了多种求和函数，大幅度提高了工作效率。

1. Sum 函数

Sum 函数是 Excel 中最常用的函数之一。由于该函数十分常用，它被默认显示在"插入函数"中的"常用函数"列表中。同时，也出现在了"开始"选项的"编辑"栏目里。该函数用于计算某一单元格区域或数组中所有数值的和，且返回该值。若参数为数组或引用时，只有其中的数值被计算，而空白单元格、逻辑值、文本或错误值将被忽略。该函数的语法结构为：

Sum(number1,[number2],...)

该函数参数的含义如下：

- number1,[number2],...：表示 1 ～ 255 个参与求和的数值，包括逻辑值、文本表达式、区域或引用等。

Sum 函数的使用效果如图 4-17 所示。

	A	B	C	D	E	F	G
1	数据	11	-4	0.94	0		软件技术
2	函数	=SUM(12,13)	=SUM(B1,D1)	=SUM(D1)	=SUM(B1:E1)	=SUM("8")	=SUM(G1)
3	结果	25	11.94	0.94	7.94	8	0
4	说明	直接键入的多个数值求和	多个单元格求和	一个单元格求和	一个单元格区域求和	文本型数字参数,是可以直接求和的	文本被忽略

图 4-17　Sum 函数

小技巧

Sum 函数参数中的数值、逻辑值和数字的文本表达式可以参与计算，其中逻辑值 True 和 False 分别被转换为数值 1 和 0，数字的文本表达式被转换为数字，同时，用户也可以使用组合键 Alt+= 来调用 Sum 函数。

2. Sumif 函数

Sumif 函数是 Sum 函数和 If 函数功能的组合函数，用于根据指定条件对若干个单元格求和，即只求和满足条件的单元格。Sumif 函数和 Sum 函数的关系，与前面介绍过的 Averageif 函数和 Average 函数的关系类似，可以对比学习。该函数的语法结构为：

Sumif(range,criteria,sum_range)

该函数参数的含义如下：

- range：用于条件判断的单元格区域，即指定作为搜索对象的单元格区域。
- criteria：求和的条件，其形式可以为数字、表达式、文本或通配符（？和＊）等。
- sum_range：用于被相加求和的单元格区域。

Sumif 函数的使用效果如图 4-18 所示。

	A	B	C	D
1	数据	工号	姓名	销售量
2		D005	张小平	116
3		20A6	李善刚	87
4		D001	乔大年	112
5		A001	孔祥玉	69
6	函数	=SUMIF(B2:B5,"*A*",D2:D5)		
7	结果	156		
8	说明	先在B2:B5区域里查找含有字母"A"的工号，这里查到两个"20A6"和"A001"，然后将"20A6"对应的D3中的数据87与"A001"对应的D5中的数据69相加，即得数值156。这里的"*"表示通配符，代表任意多个字符		

图 4-18　Sumif 函数

小技巧

在 Sumif 函数中，指定的条件为常量时，必须用双引号（""）括起来，如 ">=100" 或 "男" 等。而指定条件是引用单元格时，则无需双引号括起来，直接引用即可。建议用户对比 Averageif 函数和 Average 函数进行学习。

3. Sumifs 函数

Sumifs 函数扩展了 Sumif 函数的功能，该函数用于对满足多个指定条件的若干单元格求和，相当于多次条件筛选后求和。该函数的语法结构为：

Sumifs(sum_range,criteria_range1,criteria1,[criteria_range2,criteria2], ...)

该函数参数的含义如下：

- sum_range：需要求和的实际单元格区域，包含数值或包含数字的名称、单元格区域和单元格引用，计算忽略空值和文本值。

- criteria_range1：表示要作为条件进行判断的第 1 个条件单元格区域。
- criteria1：表示要进行判断的第 1 个条件，形式可以为数字、文本或表达式。
- [criteria_range2,criteria2],...：表示要作为条件进行判断的第 2 个条件单元格区域和第 2 个条件以及更多，后面的条件区域和条件以此类推。

Sumifs 函数的使用效果如图 4-19 所示。

	A	B	C	D
1	数据	工号	商品	销售量
2		A001	康师傅	110
3		B001	金麦郎	120
4		A002	金麦郎	130
5		B001	统一	140
6		B002	统一	150
7		A002	福满多	160
8		B003	福满多	170
9		A001	福满多	180
10		A002	统一	190
11	函数	=SUMIFS(D2:D10,B2:B10,"A001",C2:C10,"康师傅")		
12	结果	110		
13	说明	该函数用来统计工号为"A001"的员工所卖"康师傅"商品的销售量		

图 4-19　Sumifs 函数

（▶）小技巧

　　在使用 Sumifs 函数时，需要注意函数中的求和区域 sum_range 和条件区域 criteria_range 的大小和形状必须一致，否则出错。

4. Sumproduct 函数

Sumproduct 函数是 Excel 2007 版本以及后续版本新增的一个函数，兼具条件求和与计数两大功能，适用性极强。该函数功能是在指定的几组数组中，将数组间对应的元素相乘，且返回乘积之和。该函数的语法结构为：

Sumproduct(array1,[array2],[array3],...)

该函数参数的含义如下：

- array1,[array2],[array3],...：1 ～ 255 个数组参数，其相应元素需要进行相乘并求和。

Sumproduct 函数的使用效果如图 4-20 所示。

（▶）小技巧

　　函数 Sumproduct 在使用过程中，数组参数必须具有相同的维数，否则将返回错误值 "#VALUE!"。出于运算速度的考虑，该函数适用于计算区域较小的情况，否则运算速度会变慢。

图 4-20　Sumproduct 函数

4.2　文本函数

经过前面函数的学习，我们已经了解了 Excel 函数强大的数值计算功能。其实在文本计算方面，Excel 也有很好的表现，集中体现在其类型丰富的文本函数集合方面。

4.2.1　求字符位置函数——Find/Search

在 Excel 数据处理过程中，有时需要在一个长字符串中查找某特定字符出现的位置，以便在此基础上完成后续数据处理，这时就需要使用求字符位置函数来完成。

1．Find 函数

Find 函数是在文本字符串中查找指定的文本字符串，且从查找字符串的首字符开始返回在被查找字符串中的起始位置编号。Find 函数在使用过程中区分字符大小写，且不支持通配符。该函数的语法结构为：

Find(find_text,within_text,start_num)

该函数参数的含义如下：

■　find_text：待查找的目标文本字符串。若 find_text 是空文本（""），则 find 会匹配搜索串中的首字符（即编号为 start_num 或 1 的字符），且 find_text 参数中不能包含通配符。

■　within_text：包含待查找文本的源文本字符串。若 within_text 中没有 find_text，则 find 返回错误值 "#VALUE!"。

■　start_num：指定从其开始进行查找的字符。若忽略 start_num，则默认其为 1。若 start_num 不大于 0，则函数返回错误值 "#VALUE!"。若 start_num 大于 within_text 的长度，则函数返回错误值 "#VALUE!"。

Find 函数的使用效果如图 4-21 所示。

图 4-21　Find 函数

> **小技巧**
>
> 　　在 Find 函数中，使用 start_num 可跳过指定数目的字符。Find 总是从 within_text 的起始处返回字符编号，即使 start_num 大于 1，也会对跳过的字符进行计数。如 "=Find("i", "Hi China",3)"，返回结果为 6。

2. Search 函数

　　Search 函数用于指定字符定位，返回从 start_num 开始首次找到指定字符或文本字符串的位置编号。用户可以使用 Search 函数确定字符或文本字符串在另一个文本字符串中的位置，然后结合使用 Mid 函数或 Replace 函数替换文本。Search 函数与 Find 函数的区别在于，前者支持使用通配符，且不区分字符大小写，而后者反之。

　　该函数的语法结构为：

`Search(find_text, within_text, start_num)`

　　该函数参数的含义如下：

■ find_text：要查找的文本字符串，支持使用问号 "?" 和星号 "*" 通配符。其中，"?" 可匹配任意的单个字符，"*" 可匹配任意多个字符。如果要查找实际的问号或星号，应当在该字符前键入波浪线 "～"。

■ within_text：要在其中查找 find_text 的文本字符串。

■ start_num：从参数 within_text 中开始查找的字符的编号，若忽略 start_num，则默认其为 1。

　　Search 函数的使用效果如图 4-22 所示。

	A	B	C	D	E	F	G	H	I	J	K
1	数据	Excel函数功能E常强大									
2	函数	=SEARCH("函数",B1)	=SEARCH("E",B1,1)	=SEARCH("E",B1,3)				=SEARCH("A","EXCEL宝典A版-2018a")	=SEARCH("a","EXCEL宝典A版-2018a")		
3	结果	6	1	4				8	8		
4	说明	第三个参数省略，表示从第1个字符开始查找	参数1表示从第1个字符开始查找	参数3表示从第3个字符开始查找。FIND总是从within_text的起始处返回字符编号，若start_num大于1，也会对跳过的字符进行计数，所以结果仍然为4				从A与a说明不区分大小写			

图 4-22　Search 函数

4.2.2　大小写转换函数——Upper/Lower/Proper

　　在日常工作中，时常会出现英文字符大小写转换的问题，手工操作字符大小写切换会严重影响工作效率。Excel 针对英文字符大小写转换的情况，提供了专门的函数，用户可以利用这些函数来完成大小写转换。

1. Upper 函数

　　Upper 函数用于将英文字符串中的全部字母转换为大写形式，不改变原字符串中的非字母字符。该函数的语法结构为：

`Upper(text)`

　　该函数参数的含义如下：

■ text：需要转换成大写形式的文本，可以是引用或文本字符串。

Upper 函数的使用效果如图 4-23 所示。

	A	B	C	D	E
1	数据	our School	OUR school	our学校	OUR学校
2	函数	=UPPER(B1)	=UPPER(C1)	=UPPER(D1)	=UPPER(E1)
3	结果	OUR SCHOOL	OUR SCHOOL	OUR学校	OUR学校
4	说明	不管要转换的文本里是否有大写,全部转换为大写		函数UPPER不改变文本中的非字母的字符	

图 4-23　Upper 函数

2. Lower 函数

Lower 函数与 Upper 函数相对应,用于将文本字符串内的全部字母转换为小写形式,不改变文本字符串中非字母的字符。该函数的语法结构为:

Lower(text)

该函数参数的含义如下:

■　text:需要转换成小写形式的文本,可以是引用或文本字符串。

Lower 函数的使用效果如图 4-24 所示。

	A	B	C	D	E
1	数据	our School	OUR school	our学校	OUR学校
2	函数	=LOWER(B1)	=LOWER(C1)	=LOWER(D1)	=LOWER(E1)
3	结果	our school	our school	our学校	our学校
4	说明	不管要转换的文本里是否有小写,全部转换为小写		函数LOWER不改变文本中的非字母的字符	

图 4-24　Lower 函数

3. Proper 函数

Excel 除了提供大小写字符相互转换的函数外,还针对常见的英文首字母大写的情况设计了 Proper 函数。该函数用于将字符串的首字母转换成大写,将其余的字母转换成小写。该函数的语法结构为:

Proper(text)

该函数参数的含义如下:

■　text:需要进行转换的字符串,包括双引号中的文本字符串、返回文本值的公式或包含文本的单元格引用等。

Proper 函数的使用效果如图 4-25 所示。

	A	B	C	D	E
1	数据	our School	OUR school	our学校school	OUR学校SCHOOL
2	函数	=PROPER(B1)	=PROPER(C1)	=PROPER(D1)	=PROPER(E1)
3	结果	Our School	Our School	Our学校school	Our学校school
4	说明	将字符串的首字母转换成大写,将其余的字母转换成小写			

图 4-25　Proper 函数

4.2.3 文本转数字函数——Value

数据处理过程中，有时需要将文本型的数值转换为可以参与数学运算的数值。文本型数值单元格，往往在单元格左上角有一个绿色的小三角标识，这种文本型数值一般不能直接参与数学计算。若要参与数学计算，就需要使用 Value 函数来强制转数据类型，将文本型数据转换为数值型数据。该函数的语法结构为：

Value(text)

该函数参数的含义如下：

■ text：文本格式的数值或单元格引用，可以是 Excel 能够识别的任意常数、日期或时间格式。如果 text 不属于上述格式，则 Value 函数返回错误值"#VALUE!"。

Value 函数的使用效果如图 4-26 所示。

	A	B	C	D	E	F	G	H	I
1	数据	2018/4/28	12:16:00	68%	¥300.00	$ 800.00	1/4		数据处理
2	函数	=VALUE(B1)	=VALUE(C1)	=VALUE(D1)	=VALUE(E1)	=VALUE(F1)	=VALUE(G1)	=VALUE(H1)	=VALUE(I1)
3	结果	43218	0.5111111	0.68	300	800	0.25	0	#VALUE!
4	说明	日期转换为数字	时间转换为数字	百分数转换为数字	货币数字转换为数字	会计专用数字转换为数字	分数转换为数字	空单元格转换为数字	非数字文本显示#VALUE!

图 4-26　Value 函数

小技巧

通过网络复制或者粘贴的数据，往往会出现文本型数值，这时用户可以通过 Value 函数来完成数据转换。同时，用户也可以尝试采用对其进行加 0 或者乘 1 的数学运算方法来处理。

4.2.4 数字转文本函数——Text

Text 函数是与 Value 函数相对应的一种数据类型转换函数，Value 函数是将文本转换为数值，而 Text 函数是将数值转换为指定格式表示的文本。Text 函数的功能强大，有着多种格式，要想运用好它，还需要用户首先掌握自定义格式的相关知识。该函数的语法结构为：

Text(value,format_text)

该函数参数的含义如下：

■ value：数值、计算结果是数值的公式，或者对数值单元格的引用。
■ format_text：所要指定的文本型数字格式，即"单元格格式"对话框"数字"选项卡的"分类"列表框中显示的格式。

Text 函数针对数值型和日期时间型格式，以及其他方法的使用效果，分别如图 4-27 至图 4-29 所示。

格式符号	格式符号的含义	数值	结果	公式显示
#	显示有效位数。当数值的位数少于格式"#"时，无需保持与位数格式一致，数值按原样显示，不显示多余的0。如是小数，不显示位数的数值被四舍五入	123.456	123.46	=TEXT (J19, "####.##")
0	当数值的位数少于格式的0时，不足位数显示0。如果是小数，不显示位数的数值四舍五入	123.456	0123.46	=TEXT (J20, "0000.00")
?	为了用固定宽度字体对齐位数不同的小数而对准小数点的位置。如果是小数，不足显示位数的数值被四舍五入	12.3456	12.346	=TEXT (J21, "???.???")
.(句号)	表示小数点	12345	12345.000	=TEXT (J22, "###.000")
,(逗号)	附加千位分隔符	12345	12,345	=TEXT (J23, "###,###")
	在数值末尾附加上一个逗号时，则用千单位显示，不足显示位数的数值被四舍五入	12345	12345.00千元	=TEXT (J24, "0.00千元")
	在数值末尾附加上两个逗号时，则用百万单位显示，不足显示位数的数值被四舍五入	12346	0.01百万元	=TEXT (J25, "0.00,,百万元")
%	设置为百分比显示	0.5	50%	=TEXT (J26, "0%")
¥	附加¥符号	12345	¥12345	=TEXT (J27, "¥#####")
$	附加$符号	12345	$12345	=TEXT (J28, "$#####")
/	表示分数	0.5	1/2	=TEXT (J29, "##/##")

图 4-27　Text 函数数值格式用法

格式符号	格式符号的含义	数值	结果	公式显示
hh	表示时分秒的"时"的部分，不足两位时在第一位上补充0	8:30:06	08	=TEXT (J33, "hh")
h	表示时分秒的"时"的部分	8:30:06	8	=TEXT (J34, "h")
ss	表示时分秒的"秒"的部分，不足两位时在第一位上补充0	8:30:06	06	=TEXT (J36, "ss")
s	表示时分秒的"秒"的部分	8:30:06	6	=TEXT (J37, "s")
AM/PM	凌晨0点至中午前附加"AM"；中午至凌晨0点前附加"PM"	8:30:06	8:30 AM	=TEXT (J38, "h:m AM/PM")
[]	表示经历的时间，[h]表示小时，[mm]表示分钟，[ss]表示秒	8:30:06	510:06	=TEXT (J39, "[mm]:ss")
yyyy	用四位数表示公历纪年。	2012/10/18	2012	=TEXT (J40, "yyyy")
yy	用后两位数表示公历纪年。	2012/10/18	12	=TEXT (J41, "yy")
m	用数值表示月份	2012/10/18	10	=TEXT (J46, "m")
mmmm	用英文表示月份。	2012/10/18	October	=TEXT (J47, "mmmm")
mmm	用英文缩写表示月份。	2012/10/18	Oct	=TEXT (J48, "mmm")
dd	用两位数的数值表示日期，不足两位数时在第一位加0。	2012/10/2	02	=TEXT (J49, "dd")
d	用数值表示日期	2012/10/2	2	=TEXT (J50, "d")
aaaa	表示星期。	2012/10/18	星期四	=TEXT (J51, "aaaa")
aaa	用缩写方式表示星期。	2012/10/18	四	=TEXT (J52, "aaa")
dddd	用英语表示星期。	2012/10/18	Thursday	=TEXT (J53, "dddd")
ddd	用英语缩写方式表示星期。	2012/10/18	Thu	=TEXT (J54, "ddd")

图 4-28　Text 函数日期时间格式用法

格式符号	格式符号的含义	数值	结果	公式显示
G/通用格式	输入的字符按原样显示	123450	123450	=TEXT (J58, "G/通用格式")
[DBNum1]	用小写汉字数字(一、二)和位(十、百)表示	123450	一十二万三千四百五十	=TEXT (J59, "[DBNum1]")
[DBNum1]###0	用小写汉字数字(一、二)表示	123450	一二三四五○	=TEXT (J60, "[DBNum1]###0")
[DBNum2]	用大写数字(壹、贰)和位(十、百)表示	123450	壹拾贰万叁仟肆佰伍拾	=TEXT (J61, "[DBNum2]")
[DBNum2]###0	用大写数字(壹、贰)表示	123450	壹贰叁肆伍零	=TEXT (J62, "[DBNum2]###0")
[DBNum3]	用全角数字(1、2)和位(十、百)表示	123450	1十2万3千4百5十	=TEXT (J63, "[DBNum3]")
;(分号)	以[正;负]的格式指定正负的显示格式	12345	12345	=TEXT (J65, "##; (##)")
_(下划线)	空出"_"之后的字符大小的间隔，用来对齐位数	12345	12,345 $	=TEXT (J66, "#,###_-$;####-$")

图 4-29　Text 函数其他用法

　　使用"单元格格式"对话框的"数字"选项卡设置单元格格式，只会改变单元格的格式而不会影响其中的数值。使用函数 Text 可以将数值转换为带格式的文本，其计算结果将不再作为数值参与计算。

4.2.5　字符串合并函数——Concatenate

　　在日常工作中，时常会用到将多个文本合并连接的操作，当需要连接的文本个数较多时，仅靠字符连接符"&"，就显得缺乏效率。Concatenate 函数是将若干文本字符串合并成为一个新的文本字符串。该函数的语法结构为：

Concatenate(text1,text2,...)

　　该函数参数的含义如下：

- text1,text2,...：1 ~ 255 个将要合并成单个文本字符串的文本项，这些文本项可以是文本字符串、数字或对某个单元格的引用。

　　Concatenate 函数的使用效果如图 4-30 所示。

	A	B	C	D
1	数据	我	爱	Excel
2	函数	=CONCATENATE(B1,C1,D1,"!")		
3	结果	我爱Excel!		
4	说明	将B1、C1、D1这3个单元格里的文本字符串，再加上一个字符"!"合并为一个文本字符串		

图 4-30　Concatenate 函数

4.2.6　文本替换函数——Replace

　　说到文本替换，用户不难想到"替换"功能（组合键 Ctrl+H）。其实除此之外，Excel 还提供了文本替换函数，常用的文本替换函数有 Replace 函数和 Substitute 函数。

　　1. Replace 函数

　　Replace 函数相对于"替换"功能来说，可以在不改变原始数据的前提下将数据替换为目标内容，用于将文本字符串中指定起始位置和指定长度的文本替换为指定文本。该函数的语法结构为：

Replace(old_text,start_num,num_chars,new_text)

　　该函数参数的含义如下：

- old_text：要被 new_text 替换的原文本字符串。
- start_num：要用 new_text 替换的 old_text 中字符的起始位置。
- num_chars：使用 new_text 替换 old_text 中的具体字符个数。
- new_text：用于替换 old_text 中字符的新文本字符串。

　　Replace 函数的使用效果如图 4-31 所示。

	A	B	C	D
1	数据		我爱Excel!	
2	函数	=REPLACE(B1,3,5,"数据处理")		
3	结果	我爱数据处理!		
4	说明	用字符串"数据处理"将B1里从第3个字符开始、长度为5的字符串替换掉		

图 4-31　Replace 函数

2．Substitute 函数

Substitute 函数用于将原字符串中的指定文本替换为新文本。该函数与 Replace 函数功能相似，都是用于对文本字符串中的字符进行替换，但也有本质区别。其中，Substitute 函数是将指定字符替换为新的字符，替换的是原字符串中的指定字符，与字符在字符串中的位置无关。而 Replace 函数是对原文本字符串中的指定位置与指定长度的字符进行替换，与哪个字符无关，仅与所在的位置和长度有关。该函数的语法结构为：

Substitute(text,old_text,new_text,[instance_num])

该函数参数的含义如下：

- text：包含要被 new_text 替换的文本的原文本字符串。
- old_text：原文本字符串中要被替换的文本。
- new_text：用于替换参数 old_text 的新文本。
- instance_num：指定要用参数 new_text 替换参数 old_text 的事件。若指定了参数 instance_num，则只有满足要求的 old_text 被替换。否则文本中出现的所有 old_text 都被替换。

Substitute 函数的使用效果如图 4-32 所示。

	A	B	C	D
1	数据		我爱Excel，因为Excel很强大!	
2	函数	=SUBSTITUTE(B1,"Excel","数据处理")	=SUBSTITUTE(B1,"Excel","数据处理",2)	
3	结果	我爱数据处理，因为数据处理很强大!	我爱Excel，因为数据处理很强大!	
4	说明	用文本"数据处理"将B1里"Excel"全部替换	用文本"数据处理"将B1里的第2处出现的"Excel"文本替换，而其他"Excel"文本不受影响	

图 4-32　Substitute 函数

4.2.7　清除空格函数——Trim

在日常工作中，时常会遇到数据存在多余空格的情况。当字符前后，或者字符中间存在多余空格时，若通过手工一个个删除效率太低。Excel 提供了 Trim 函数，用于删除字符串中的多余空格。Trim 函数除了单词之间的单个空格外，还能够清除文本中的所有的空格。该函数的语法结构为：

Trim(text)

该函数参数的含义如下：

■ text：需要清除字符串空格的文本。

Trim 函数的使用效果如图 4-33 所示。

	A	B
1	数据	I LOVE Excel!
2	函数	=TRIM(B1)
3	结果	I LOVE Excel!
4	说明	多个连续空格中保留最前的一个空格,删除其余空格,保留一个空格是为保证英文单词间的空格不被误删除

图 4-33　Trim 函数

4.2.8　求字符串长度函数——Len

在 Excel 的使用过程中，有时需要统计文本字符串中字符的个数，即计算文本字符串的长度，借助于 Len 函数可以轻松完成。Len 函数是专门用于计算文本字符串的字符个数，空格也将作为字符进行计数。其语法结构为：

Len(text)

该函数参数的含义如下：

■　text：要计算长度的文本字符串。

Len 函数的使用效果如图 4-34 所示。

	A	B
1	数据	I LOVE Excel!
2	函数	=LEN(B1)
3	结果	36
4	说明	这个B1单元格里的文本数据长度是36，空格字符有36-11=25个

图 4-34　Len 函数

4.2.9　字符提取函数——Left/Right/Mid

在日常工作中，时常会遇到要获取某一单元格引用中部分字符的操作。如从"姓名"数据左侧截取一个字符，从而获得"姓氏"的操作。Excel 提供了字符提取函数，利用这组函数可以大幅度提高工作效率。

1. Left 函数

Left 函数是 Excel 中的常用函数之一，用于从文本字符串左边提取指定长度的字符串，且返回该结果。其语法结构为：

Left(text,num_chars)

该函数参数的含义如下：

■　text：包含要提取字符的文本字符串。

- num_chars：指定函数要提取的字符个数，该函数必须大于或等于 0。若 num_chars 大于 text 文本长度，则函数返回所有 text 文本。若省略 num_chars，则默认其为 1。

Left 函数的使用效果如图 4-35 所示。

	A	B	C	D
1	数据	I LOVE Excel!		
2	函数	=LEFT(B1)	=LEFT(B1,6)	=LEFT(B1,15)
3	结果	I	I LOVE	I LOVE Excel!
4	说明	从左边取1个字符	从左边取6个字符	所取字符的长度（15）大于文本长度（13），则LEFT返回所有文本

图 4-35　Left 函数

2．Right 函数

Right 函数与 Left 函数相对应，也是 Excel 中的常用函数之一。用于从文本字符串右边提取指定长度的字符串，且返回该结果。该函数的语法结构为：

Right(text,num_chars)

该函数参数的含义如下：

- text：包含要提取字符的文本字符串。
- num_chars：指定函数要提取的字符个数，该函数必须大于或等于 0。若 num_chars 大于 text 文本长度，则函数返回所有 text 文本。若省略 num_chars，则默认其为 1。

Right 函数的使用效果如图 4-36 所示。

	A	B	C	D
1	数据	I LOVE Excel!		
2	函数	=RIGHT(B1,1)	=RIGHT(B1,6)	=RIGHT(B1,15)
3	结果	!	Excel!	I LOVE Excel!
4	说明	从右边取1个字符	从右边取6个字符	所取字符的长度（15）大于文本长度（13），则RIGHT返回所有文本

图 4-36　Right 函数

3．Mid 函数

Mid 函数是与 Left 函数和 Right 函数相对应的，又一个常用的文本提取函数，用于从指定文本字符串中的指定位置，提取指定个数的字符，且返回该结果。该函数的语法结构为：

Mid(text,start_num,num_chars)

该函数参数的含义如下：

- text：包含要提取字符的文本字符串。
- start_num：文本中要提取的第一个字符的位置，若 start_num 大于 text 文本长度，则函数返回空文本（""）。若 start_num 等于 1，函数作用等同于 Left 函数。若

start_num 小于等于 0，则 Mid 返回错误值 "#VALUE!"。

■　num_chars：指定 Mid 函数从文本中返回字符的个数。

Mid 函数的使用效果如图 4-37 所示。

	A	B	C	D
1	数据		I LOVE Excel!	
2	函数	=MID(B1,1,7)	=MID(B1,3,10)	=MID(B1,8,10)
3	结果	I LOVE	LOVE Excel	Excel!
4	说明	从左边第1个字符起，取7个字符	从左边第3个字符起，取10个字符	从左边第8个字符起，所取字符的长度（10）大于文本剩余的长度（6），则返回剩余文本

图 4-37　Mid 函数

小技巧

也可以使用 Left 函数和 Right 函数嵌套的方法来实现 Mid 函数的功能。如 Mid(B1,3,4) 可以使用 Right(Left(B1,6),4) 来实现。也可以通过 Left 函数嵌套 Right 函数实现，用户可以自由选择。

4.2.10　重复显示文本函数——Rept

Rept 函数是用于按照指定次数重复显示指定文本的函数，相当于复制文本后重复粘贴，可以有效减少重复显示字符的工作量。该函数的语法结构为：

Rept(text,number_times)

该函数参数的含义如下：

■　text：要重复显示的文本。

■　number_times：重复显示文本的次数（正数），若 number_times 为 0，则函数返回 ""（空文本）。

Rept 函数的使用效果如图 4-38 所示。

	A	B	C	D
1	数据	结果	函数	说明
2	1	☆	=REPT("☆",A2)	将☆填充1次
3	2	☆☆	=REPT("☆",A3)	将☆填充2次
4	3	☆☆☆	=REPT("☆",A4)	将☆填充3次
5	4	☆☆☆☆	=REPT("☆",A5)	将☆填充4次
6	5	☆☆☆☆☆	=REPT("☆",A6)	将☆填充5次

图 4-38　Rept 函数

4.3 日期时间函数

在日常工作中，日期时间是时常用到的一种数据类型。针对该数据类型，Excel 提供了功能丰富的日期时间函数，用于对日期时间类型数据进行计算。Excel 支持 1900 年和 1904 年两种日期系统，软件默认为 1900 年日期系统，在无特别声明的情况下，本书全部采用 1900 年日期系统。用户也可以根据个人需要，通过“选项”对话框自行切换，但这里不提倡该做法。

4.3.1 日期时间函数——Today/Now

日期时间函数是针对日期时间型数据，用于计算其对应的年份、月份、星期和时间间距等多种日期时间，在日常工作中时常被使用。

1. Today 函数

Today 函数作为 Excel 中的最常用函数之一，可以非常方便地输入当前系统日期，以及进行以此为基础的各种日期计算。Today 函数是一个无参数函数，功能为返回系统当前日期的序列号，重新打开文件或是按下 F9 键，可更新 Today 函数返回的日期。该函数的语法结构为：

```
Today()
```

Today 函数的使用效果如图 4-39 所示。

	A	B
1	数据	
2	函数	=TODAY()
3	结果	2018/5/21
4	说明	返回系统的当前日期

图 4-39 Today 函数

小技巧

使用 =Today() 方法输入的日期，会随系统日期自动更新。若用户不允许日期自动更新，可以按组合键“Ctrl+;”来输入当前日期，使用此方法的缺点是不可以作为序列号进行加、减运算。

2. Now 函数

Now 函数是与 Today 函数相对应的函数，两者都是无参数函数，前者显示当前系统时间，后者显示当前系统日期。Now 函数的语法结构为：

```
Now()
```

Now 函数的使用效果如图 4-40 所示。

	A	B	C	D
1	数据			
2	函数	=NOW()	=NOW()	=NOW()
3	结果	13:40:50	2018/5/21 13:40	2018/5/21
4	说明	将单元格设为时间格式，返回系统的当前时间	将单元格设为自定义格式"yyyy/m/d h:mm"，返回系统的当前日期和时间。	将单元格设为日期格式，返回系统的当前日期

图 4-40　Now 函数

小技巧

由于 Now 函数返回的当前时间为序列号，可以进行加、减运算，因此重新打开文件或是按下 F9 键可使时间随系统时间更新。用户也可以使用组合键 Ctrl+Shift+；输入相同时间。

4.3.2　年月日函数——Year/Month/Day

日常工作中，经常会用到将日期型数据转化为对应的年、月、日等信息，进而使其参与后期的数据计算。Excel 提供了相应的年、月、日函数，合理运用这组函数，可以大幅度提高工作效率。

1. Year 函数

Year 函数是 Excel 中的最常用函数之一，利用它可以非常方便地从日期中提取出"年"，年的取值范围是整数 1900 ～ 9999。该函数的语法结构为：

Year(serial_number)

该函数参数的含义如下：

■　serial_number：参与计算的日期型数据，如带引号的文本串、系列数、公式或函数的计算结果等。当指定的"serial_number"值无法识别为日期时，函数返回错误值"#VALUE!"。

Year 函数的使用效果如图 4-41 所示。

	A	B	C	D
1	数据	2018/5/21		43241
2	函数	=YEAR(B1)	=YEAR(C1)	=YEAR(D1)
3	结果	2018	1900	2018
4	说明	将日期型数据中的年提取出来	空值，默认为1900年	系列值，转化为日期，然后提取出年

图 4-41　Year 函数

2. Month 函数

Month 函数是 Excel 中常用的函数之一，与 Year 函数相对应。使用该函数可以方便地从日期型数据中提取出"月"，月的取值范围是整数 1 ～ 12。该函数的语法结构为：

Month(serial_number)

该函数参数的含义如下：

■ serial_number：参与计算的日期型数据，如带引号的文本串、系列数、公式或函数的计算结果等。当指定的"serial_number"值无法识别为日期时，函数返回错误值"#VALUE!"。

Month 函数的使用效果如图 4-42 所示。

	A	B	C	D
1	数据	2018/5/21		43241
2	函数	=MONTH(B1)	=MONTH(C1)	=MONTH(D1)
3	结果	5	1	5
4	说明	将日期型数据中的月提取出来	空值，默认为1900年1月	系列值，转化日期，然后把月提取出来

图 4-42　Month 函数

3.　Day 函数

Day 函数是与 Year 函数、Month 函数相对应的又一个日期函数。使用该函数可以方便地从日期型数据中提取出"日"，日的取值范围为整数 1 ～ 31。该函数的语法结构为：

Day(serial_number)

该函数参数的含义如下：

■ serial_number：参与计算的日期型数据，如带引号的文本串、系列数、公式或函数的计算结果等。当指定的"serial_number"值无法识别为日期时，函数返回错误值"#VALUE!"。

Day 函数的使用效果如图 4-43 所示。

	A	B	C	D
1	数据	2018/5/21		43241
2	函数	=DAY(B1)	=DAY(C1)	=DAY(D1)
3	结果	21	0	21
4	说明	将日期型数据中的天提取出来	空值，默认为1900年的第0天	系列值，转化为日期，然后提取出天

图 4-43　Day 函数

4.3.3　时分秒函数——Hour/Minute/Second

在日常工作中，除了用到日期外，自然而然地也会用到时间。Excel 提供了多种时间函数，对日期时间型数据进行计算。

1.　Hour 函数

Hour 函数用于从日期时间型数据中提取出"时"，其值为 0 ～ 23 之间的整数，表示一天之中的某一时钟点。该函数的语法结构为：

Hour(serial_number)

该函数参数的含义如下：

■ serial_number：参与计算的日期时间值，其中包含要查找的小时，支持带引号的文本字符串、十进制数、其他公式或函数的结果。

Hour 函数的使用效果如图 4-44 所示。

	A	B	C	D
1	数据	2018/5/21 13:42		
2	函数	=HOUR(B1)	=HOUR("9:20")	=HOUR(9:20)
3	结果	13	9	#VALUE!
4	说明	将日期时间型数据中的小时提取出来	将文本型时间数据中的小时提取出来	如果是数值型的时间数据，则会出现错误值 #VALUE!

图 4-44 Hour 函数

2. Minute 函数

Minute 函数与 Hour 函数相对应，用于从日期时间型数据中提取出"分"，其值为 0 ～ 59 之间的整数，表示小时中的分钟数。该函数的语法结构为：

Minute(serial_number)

该函数参数的含义如下：

■ serial_number：参与计算的日期时间值，其中包含要查找的分钟，支持带引号的文本字符串、十进制数、其他公式或函数的结果。

Minute 函数的使用效果如图 4-45 所示。

	A	B	C	D
1	数据	2018/5/21 13:43		
2	函数	=MINUTE(B1)	=MINUTE("2018/4/15 9:22")	=MINUTE(9:22)
3	结果	43	22	#VALUE!
4	说明	将日期时间型数据中的分钟提取出来	将文本型时间数据中的分钟提取出来	如果是数值型的时间数据，则会出现错误值 #VALUE!

图 4-45 Minute 函数

3. Second 函数

Second 函数是与 Hour 函数和 Minute 函数相对应的又一时间函数，用于从日期时间型数据中提取出"秒"，其值为 0 ～ 59 之间的整数，表示分钟中的秒数。该函数的语法结构为：

Second(serial_number)

该函数参数的含义如下：

■ serial_number：参与计算的日期时间值，其中包含要查找的秒，支持带引号的文本字符串、十进制数、其他公式或函数的结果。

Second 函数的使用效果如图 4-46 所示。

	A	B	C	D
1	数据	13时43分28秒		
2	函数	=SECOND(B1)	=SECOND("9:30:30")	=SECOND(9:30:30)
3	结果	28	30	
4	说明	将时间型数据中的秒取提取出来	将文本型时间数据中的秒提取出来	如果是数值型的时间数据，则会现输入公式有误

图 4-46　Second 函数

4.3.4　数值转日期函数——Date/Datevalue

在日常工作中，时常会遇到 8 位数字的日期格式（如 20180526），但这种格式的日期不方便进行日期计算。Excel 提供了数值和日期转换函数，使用户借助于这类函数可以轻松解决上述问题。

1. Date 函数

Date 函数是数值转换为日期的函数，用于将年（Year）、月（Month）、日（Day）三个参数合并，转换为完整的日期格式，进而返回日期型数值。该函数的语法结构为：

Date(year,month,day)

该函数参数的含义如下：

- ■ year：以整数形式指定日期的"年"部分的数值，取值为 1 ～ 4 位数字。当存储参数为 1 时，表示 1900 年 1 月 1 日，而后以此类推。
- ■ month：以整数的形式指定日期的"月"部分的数值，或者指定单元格引用。若指定数大于 12，则被视为下一年的 1 月之后的数值。若指定的数值小于 0，则被视为指定了前一个年份。
- ■ day：以整数的形式指定日期的"日"部分的数值，或者指定单元格引用。若指定数大于月份的最后一天，则被视为下一月份的 1 日之后的数值。若指定的数值小于 0，则被视为指定了前一个月份。

Date 函数的使用效果如图 4-47 所示。

	A	B	C	D
1	数据	2018	6	8
2	函数	=DATE(B1,C1,D1)	=DATE(B1,14,D1)	=DATE(B1,-3,D1)
3	结果	2018年6月8日　星期五	2019年2月8日　星期五	2017年9月8日　星期五
4	说明	将B1,C1,D1的内容合并为完整的日期格式	将B1,14,D1的内容合并为完整的日期格式，由于月份的值大于12，故向后推迟1（14除以12取整）年，月份变为2（14除以12取余）月	将B1,-3,D1的内容合并为完整的日期格式，由于月份的值小于0，故向前借1（3除以12取整 1）年，月份变为9[(12-3)除以12取余]月

图 4-47　Date 函数

2. Datevalue 函数

Datevalue 函数与 Date 函数相似，都是 Excel 中重要的日期格式转换函数。该函数用于将以文本表示的日期转换成日期序列数，然后用户可以通过单元格格式设置将其显示为日期。该函数的语法结构为：

Datevalue(date_text)

该函数参数的含义如下：

■ date_text：以文本的形式指定的日期。

Datevalue 函数的使用效果如图 4-48 所示。

	A	B	C	D
1	数据	2018-6-21	2018-16-21	2018-6-32
2	函数	=DATEVALUE(B1)	=DATEVALUE(C1)	=DATEVALUE(D1)
3	结果	43272.00	#VALUE!	#VALUE!
4	说明	将以文字表示的日期转换成系列数	文字表示的日期中出现了月份大于12的现象，故出现错误	文字表示的日期中出现了天数大于31的现象，故出现错误

图 4-48　Datevalue 函数

◆)) 小技巧

Datevalue 函数引用的单元格参数必须是文本格式的日期，即输入单引号"'"后又输入的日期，如 "2018/05/02"，或者是将单元格设置成文本格式再输入的日期。

4.3.5　星期函数——Weekday

在日常数据处理过程中，时常会针对某一个日期对应的星期来进行数据分析，那么这时就需要首先通过日期获取星期数据。Excel 提供了计算星期的 Weekday 函数，用户可以通过它来实现日期到星期的转换。在默认情况下，该函数的返回值为 1（星期天）～ 7（星期六）之间的一个整数。该函数的语法结构为：

Weekday(serial_number,return_type)

该函数参数的含义如下：

■ serial_number：参与计算的日期型数据，如带引号的文本串、系列数、公式或函数的计算结果等。当指定的 "serial_number" 值无法识别为日期时，函数返回错误值 "#VALUE!"。

■ return_type：用于确定返回值类型的数字。其中，该参数为数字 1 或省略时，返回数字 1 到 7，代表星期天到星期六。参数为数字 2 时，返回 1 至 7，代表星期一到星期天。其他类型的数字，考虑到使用频率低，这里不再介绍，用户可以参照 Excel 系统帮助。

Weekday 函数的使用效果如图 4-49 所示。

	A	B	C	D
1	数据	2018年5月23日		
2	函数	=WEEKDAY(B1,1)	=WEEKDAY(B1,2)	=TEXT(WEEKDAY(B1,1),"aaaa")
3	结果	4	3	星期三
4	说明	数字1或省略，则1至7代表星期日到数星期六，结果为4。	数字2，则1至7代表星期一到星期日，结果为3。	结合Text函数，显示指定格式的星期，结果为星期三。

图 4-49　Weekday 函数

小技巧

　　用户可以使用 Text 函数嵌套 Weekday 函数显示更多格式，如"Text(Weekday("2018/4/25"),"aaaa")"，显示的结果为"星期三"。同时，用户也可以设置日期单元格格式（组合键 Ctrl+1）的类型为中文星期格式。

4.3.6　日期间隔函数——Datedif/ Edate

　　日常工作中，时常会用到计算两个日期之间相差的天数、月数或年数，如根据出生日期计算年龄。Excel 提供了日期间隔函数，专门来处理这类问题。

1. Datedif 函数

　　Datedif 函数是 Excel 中的常用函数之一，但也是一个十分特殊的隐藏函数，用于计算两个日期之间的天数、月数或年数。Datedif 并不出现在函数列表里，需要用户手动输入，所以要使用该函数必须牢记其使用方法。该函数的语法结构为：

Datedif(start_date,end_date,unit)

该函数参数的含义如下：

- start_date：用于表示时间段的起始日期，支持带引号的文本串、系列数、公式或函数的计算结果等。
- end_date：用于表示时间段的结束日期，支持带引号的文本串、系列数、公式或函数的计算结果等。
- unit：要返回的日期间隔单位代码。其中，"Y"返回时间段中的整年数，"M"返回时间段中的整月数，"D"返回时间段中的天数，"YD"返回两个日期部分之差，忽略两个日期中的年份。其他单位代码，考虑到使用频率低，这里不再介绍，用户可以参照 Excel 系统帮助。

Datedif 函数的使用效果如图 4-50 所示。

	A	B	C	D
1	数据	2018-06-29	2020-08-09	
2	函数	=DATEDIF(B1,C1,"y")	=DATEDIF(B1,C1,"ym")	=DATEDIF(B1,C1,"yd")
3	结果	2	1	41
4	说明	计算满年数，结束日期与开始日期相差2年	计算不满一年的月数，结束日期与开始日期相差1月	计算不满一年的天数，结束日期与开始日期相差41天

图 4-50　Datedif 函数

2. Edate 函数

　　Edate 函数用于计算从一个开始日期算起，数个月之后或之前的日期，且返回该日期。该函数的语法结构为：

Edate(start_date,months)

该函数参数的含义如下：

- start_date：代表开始计算的日期，支持带引号的文本串、系列数、公式或函数的计算结果等。

■ months：参数 start_date 之后或之前的月份数。当 months 为正值时，函数返回未来的日期；为负值，函数返回过去的日期。

Edate 函数的使用效果如图 4-51 所示。

	A	B	C	D
1	数据	2018年5月21日 星期一		
2	函数	=EDATE(B1,4)	=EDATE(B1,-4)	=EDATE(B1,4)
3	结果	2018年9月21日 星期五	2018年1月21日 星期日	43364
4	说明	将日期向后推4个月	将日期向前推4个月	单元格没有设置为日期格式，显示为日期序列

图 4-51　Edate 函数

小技巧

当数字显示格式为"常规"时，返回值以表示日期的数值（序列号值）的形式显示。要转换成日期显示，必须通过"设置单元格格式"对话框，将数字显示格式设置为日期格式。

4.4　查找与引用函数

在 Excel 中提到查找，很容易想到"查找"（组合键 Ctrl+F）功能，该功能可以实现数据的查找定位，但具有一定的局限性。为了进一步丰富软件的查找功能，Excel 又引入了查找与引用函数。用户通过灵活使用该组函数，可以完成更为复杂的数据计算。

4.4.1　行列号函数——Row/Column

Excel 单元格是由列号和行号组合而成的，对于任何一个单元格而言，都有相应的行列号。Excel 提供了 Row 函数和 Column 函数，分别用于计算单元格的行号和列号。

1. Row 函数

Row 函数是 Excel 中的基础函数之一，用于返回指定单元格引用的行号。可以使用该函数来快速生成记录序号。其语法结构为：

`Row(reference)`

该函数参数的含义如下：

■ reference：需要计算行号的单元格或单元格区域，不支持多区域引用。若省略 reference，则默认是对函数 Row 所在单元格的引用。若 reference 为一个单元格区域，且 Row 作为垂直数组输入，则 Row 将以垂直数组的形式返回 reference 的行号。

Row 函数的使用效果如图 4-52 所示。

	A	B	C	D
1	数据			
2	函数	=ROW(B1)	=ROW()	=ROW(B2:D4)
3	结果	1	3	2
4	说明	B1单元格所在的行	省略参数,则表示对函数ROW所在单元格的引用的行号	参数作为一个单元格区域,并且函数ROW不作为垂直数组输入,则只有一个值

图 4-52　Row 函数

2．Column 函数

Column 函数是与 Row 函数相对应的求列号的函数,用于返回指定单元格引用的列号。该函数的语法结构为：

Column(reference)

该函数参数的含义如下：

■　reference：需要计算列号的单元格或单元格区域，不支持多区域引用。若省略 reference，则默认是对 Column 函数所在单元格的引用。若 reference 为一个单元格区域，且 Column 作为水平数组输入，则 Column 将以水平数组的形式返回 reference 的列号。

Column 函数的使用效果如图 4-53 所示。

	A	B	C	D
1	数据			
2	函数	=COLUMN(B1)	=COLUMN()	=COLUMN(B2:D4)
3	结果	2	3	2
4	说明	B1单元格所在的列	省略参数,则表示对COLUMN函数所在单元格的引用的列号	参数作为一个单元格区域,并且COLUMN函数不作为垂直数组输入,则只会默认返回单元格区域第一列列值

图 4-53　Column 函数

4.4.2　行列数函数——Rows/Columns

在针对单元格区域计算时，Row 函数和 Column 函数返回的是第一个单元格的行、列号。日常工作中,更多情况是要求返回单元格区域的行、列数量,而非是第一个单元格的行、列号。Excel 又提供了 Rows 函数和 Columns 函数，来解决该问题。

1．Rows 函数

Rows 函数用于返回单元格区域引用或数组的总行数。从函数外观上来看，Rows 函数和 Row 函数很像，但功能上有着明显区别。Rows 函数返回的是单元格区域或常量数组的总行数，同时也支持单个单元格参数，对单个单元格求 Rows 时返回值为 1。而 Row 函数返回的是单元格或单元格区域的行号，而非数据行的数量。Rows 函数的语法结构为：

Rows(array)

该函数参数的含义如下：

array：要计算列数的数组、数组公式或对单元格区域的引用。

Rows 函数的使用效果如图 4-54 所示。

	A	B	C	D
1	数据			
2	函数	=ROWS(B1:D4)	=ROWS(B1:D2)	=ROWS(B3)
3	结果	4	2	1
4	说明	从B1到D4共4行	从B1到D2共2行	只有一个单元格，所以只有1行

图 4-54　Rows 函数

2. Columns 函数

Columns 函数与 Rows 函数相对应，用于计算对单元格区域的引用、数组的列数。Columns 函数和 Column 函数的区别，类似于 Rows 函数和 Row 函数，用户可以通过对比来学习。该函数的语法结构为：

Columns(array)

该函数参数的含义如下：

■　array：要计算列数的数组、数组公式或是对单元格区域的引用。

Columns 函数的使用效果如图 4-55 所示。

	A	B	C	D
1	数据			
2	函数	=COLUMNS(B1:D4)	=COLUMNS(B1:C2)	=COLUMNS(B3)
3	结果	3	2	1
4	说明	从B1到D4共3列	从B1到C2共2列	只有一个单元格，所以只有1列

图 4-55　Columns 函数

4.4.3　查找定位函数——Lookup/Vlookup/Hlookup

在 Excel 中提到查找定位，用户很容易想到"查找"（组合键 Ctrl+F）和定位条件（组合键 Ctrl+G）功能，虽然这两项功能十分常用，但存在一定的局限。Excel 还提供了查找定位函数，用于根据指定条件来完成指定的计算。

1. Lookup 函数

Lookup 函数是 Excel 中的常用函数之一，用于从一列、一行或某个数组中查找一个值。函数 Lookup 有向量和数组两种语法形式。函数的向量形式是在单列区域或单行区域（向量）中查找数值，然后返回第二个单列区域或单行区域中相同位置的数值。函数的数组形式是在数组的第一列或第一行查找指定的数值，然后返回数组的最后一列或最后一行中相同位置的数值。Lookup 函数向量形式的语法结构为：

Lookup(lookup_value,lookup_vector,result_vector)

其参数含义如下：

■　lookup_value：所要查找的数值，可以为数字、文本、逻辑值、包含数值的名称或引用。

■　lookup_vector：包含一列或一行的数据查找区域，支持文本、数字或逻辑值。这里需要注意的是，lookup_vector 参数的数值必须按升序排序，否则函数不能返回正确结果。同时，该函数中文本不区分大小写。

■ result_vector：包含一列或一行的返回结果区域，该区域大小必须与 lookup_vector 参数相一致。

Lookup 函数向量形式的使用效果如图 4-56 所示。

	A	B	C	D
1	数据	姓名	出生地	工龄
2		安安南	云南曲靖	18
3		姜缌羽	广东中山	9
4		寇曼云	湖北宜昌	32
5		刘清清	四川成都	13
6		柳迎曼	江西南昌	16
7		钱羚滢	湖北武汉	8
8	函数	=LOOKUP("刘清清",B2:B8,D2:D8)		
9	结果	13		
10	说明	首先对B2:B8区域里的内容排序，在B2:B7区域里查找"刘清清"，找到后将所对应的D2:D8区域里的内容提取出来		

图 4-56　Lookup 函数向量形式的用法

Lookup 函数数组形式的语法结构为：

Lookup(lookup_value,array)

其参数含义如下：

■ lookup_value：所要查找的数值，可以为数字、文本、逻辑值、包含数值的名称或引用。

■ array：包含要与 lookup_value 参数进行比较的文本、数字或逻辑值的单元格区域。

Lookup 函数数组形式的使用效果如图 4-57 所示。

	A	B	C	D
1	数据	姓名	出生地	工龄
2		安安南	云南曲靖	18
3		姜缌羽	广东中山	9
4		寇曼云	湖北宜昌	32
5		刘清清	四川成都	13
6		柳迎曼	江西南昌	16
7		钱羚滢	湖北武汉	8
8	函数	=LOOKUP("刘清清",B2:D7)		
9	结果	13		
10	说明	首先对B2:D7区域里的内容排序，在B2:D7区域的最左侧列中查找"刘清清"，找到后将所对应B2:D7区域的最右侧列中的内容提取出来		

图 4-57　Lookup 函数数组形式的用法

> **小技巧**
>
> Lookup 函数向量形式的查找区域中数值必须按照升序排列，否则函数不能返回正确的结果。且在数据比较过程中采用近似匹配，即当未找到查找值时，返回一个小于查找值的最大值所对应的结果。

2. Vlookup 函数

Vlookup 函数升极了 Lookup 函数的列查找功能，用于在表格或数值数组的首列查找指定的数值，且返回表格或数组当前行中对应列的数值。Vlookup 函数的使用与 Lookup 函数类似，区别在于前者仅支持在首列中查找，同时支持精确匹配。而后者可以在行、列中查找，但只能返回近似匹配结果。该函数的语法结构为：

Vlookup(lookup_value,table_array,col_index_num,range_lookup)

该函数参数的含义如下：

■ lookup_value：所要查找的数值，可以为数字、文本、逻辑值、包含数值的名称或引用。

■ table_array：需要在其中查找数据的数据表，可以使用单元格区域和对单元格引用的名称。

■ col_index_num：在 table_array 中指定的返回匹配值的列序号。当参数为 1 时，返回 table_array 第 1 列中对应的数值。当参数为 2 时，返回 table_array 第 2 列中对应的数值，以此类推。

■ range_lookup：表示函数是否是近似匹配计算的逻辑值。当为 True 或 1 时，表示近似匹配，即当找不到精确匹配值时，返回小于 lookup_value 的最大数值。需要注意的是，使用近似匹配时参数 table_array 数据表必须按查找列进行升序排序（类似于 Lookup 函数用法）。当参数 range_value 为 False 或 0 时，函数 Vlookup 返回精确匹配值，如果找不到对应数值，则返回错误值 "#N/A"。

Vlookup 函数的使用效果如图 4-58 所示。

⬚	A	B	C	D
1		姓名	出生地	工龄
2		寇曼云	湖北宜昌	32
3		刘清清	四川成都	13
4	数据	安安南	云南曲靖	18
5		姜缌羽	广东中山	9
6		柳迎曼	江西南昌	16
7		钱羚滢	湖北武汉	8
8	函数	=VLOOKUP("刘清清",B2:D7,3,FALSE)		
9	结果	13		
10	说明	"刘清清"是要在数据表B2:D7的第一列中查找的值，B2:D7是要查找的范围和返回值的范围，3是要返回的值所在的列号，FALSE或0表示精确匹配。精确匹配不需要事先排序		

图 4-58　Vlookup 函数

一般情况下，当用户需要针对列进行查找计算，且要求返回精确匹配值时，必须使用 Vlookup 函数。而要进行近似匹配计算时，则优先使用 Lookup 函数。同时，切记近似匹配计算时，查找区域必须按照升序排序。

3. Hlookup 函数

Hlookup 函数升级了 Lookup 函数的行查找功能，与 Vlookup 函数相对应，用于在表格或数值数组的首行查找指定的数值，并由此返回表格或数组当前列中对应行处的数值。Hlookup 函数与 Lookup 函数的关系类似 Vlookup 函数与 Lookup 函数的关系。而 Hlookup 函数与 Vlookup 函数的功能类似，前者针对行查找，而后者针对的是列查找，其他用法完全相同。该函数的语法结构为：

Hlookup(lookup_value,table_array,row_index_num,range_lookup)

该函数参数的含义如下：

- lookup_value：所要查找的数值，可以为数字、文本、逻辑值、包含数值的名称或引用。
- table_array：需要在其中查找数据的数据表，可以使用单元格区域和对单元格引用的名称。
- row_index_num：在 table_array 中指定的返回匹配值的行序号。当参数为 1 时，返回 table_array 第 1 行中对应的数值。当参数为 2 时，返回 table_array 第 2 行中对应的数值，以此类推。
- range_lookup：表示函数是否是近似匹配计算的逻辑值。当为 True 或 1 时，表示近似匹配。当为 False 或 0 时，表示精确匹配值。

Hlookup 函数的使用效果如图 4-59 所示。

	A	B	C	D	E
1	数据	员工编号	A06011	A06012	A06013
2		姓名	刘清清	安安南	姜缌羽
3		年龄	25	29	23
4		籍贯	黑龙江	北京	浙江
5		所属部门	销售部	销售部	后勤部
6	函数	=HLOOKUP("A06012",C1:E2,2,0)			
7	结果	安安南			
8	说明	"A06012"是要在数据表C1:E2的第一行中查找的值，C1:E2是要查找的范围和返回值的范围，2是要返回的值所在的行号，0或FALSE表示精确匹配。精确匹配不需要事先排序，而近似匹配时数据必须升序排序			

图 4-59 Hlookup 函数

小技巧

当 Hlookup 函数的查找值小于 table_array 第一行中的最小数值时，函数返回错误值 "#N/A!"。若函数 Hlookup 找不到查找值，且参数 range_lookup 为 True 时，则使用小于 lookup_value 的最大值。

4.5 逻辑函数

逻辑函数是通过条件判断得出逻辑结果的函数，常见的逻辑函数有 If 函数、And 函数和 Or 函数等。在日常实际应用中，逻辑函数常与其他函数结合使用，从而完成复杂的判断情况。

4.5.1 条件函数——If

If 函数是 Excel 中的常用函数之一，用于实现分支选择结构的计算。该函数是针对指定条件进行逻辑判断的函数，可以根据逻辑表达式的真假，返回不同的结果，从而实现数值或公式的条件检测任务。该函数的语法结构为：

If(logical_test,value_if_true,value_if_false)

该函数参数的含义如下：

- logical_test：计算结果为 True 或 False 的逻辑表达式。
- value_if_true：当参数 logical_test 为 true 时函数的返回值。若参数 logical_test 为 true，且省略了参数 value_if_true 时，函数返回 True。同时，Excel 支持参数 value_if_true 是一个表达式，或者函数嵌套。
- value_if_false：当参数 logical_test 为 False 时函数的返回值。若 logical_test 为 False，且省略了参数 value_if_false 时，函数返回 False。同时，Excel 支持参数 value_if_false 是一个表达式，或者函数嵌套。

If 函数的使用效果如图 4-60 所示。

A	B	C	D	E	F
1	业务员	安安南	姜绥羽	寇曼云	刘清清
2	数据 部门	销售一部	销售二部	销售一部	销售二部
3	销售额(万元)	530	460	510	480
4	等级	能手	合格	能手	合格
5	函数	=IF(C3>=500,"能手",IF(C3>=450,"合格","不合格"))	=IF(D3>=500,"能手",IF(D3>=450,"合格","不合格"))	=IF(E3>=500,"能手",IF(E3>=450,"合格","不合格"))	=IF(F3>=500,"能手",IF(F3>=450,"合格","不合格"))
6	结果	能手	合格	能手	合格
7	说明	将C3单元格中的值与500相比较，如果大于500，则IF函数返回"能手"，否则，再次将C3单元格中的值与450相比较，如果大于450，则IF函数返回"合格"，否则返回"不合格"。这里用了IF函数的嵌套	略	略	略

图 4-60 If 函数

在一定程度上，If 函数与 Lookup 函数组有部分功能上的重叠，前者适用于种类较少的选择分支，如根据性别显示称谓等。后者则适用于多种选择分组，如体育测试中跳远成绩的判定等。

4.5.2　求交运算函数——And

And 函数是逻辑函数中的常用函数，用于判断各个参数是否全部为真，当所有参数逻辑值为真时返回 True，若其中任意一个参数的逻辑值为假，即返回 False。简而言之，就是当 And 的参数值为真时，返回结果为 True，否则为 False。一般情况下，And 函数不单独使用，常与其他条件的函数结合使用。该函数的语法结构为：

And(logical1,logical2,…)

该函数参数的含义如下：

■　logical1,logical2,…：待检验真假值的逻辑表达式（最多支持 1 ～ 255 个），它们的结果或为真，或为假。该参数必须是逻辑值、包含逻辑值的数组或引用，若数组或引用中含有文字或空白单元格，则忽略其值。若指定的单元格区域内包括非逻辑值，函数将返回错误值"#VALUE!"。

And 函数的使用效果如图 4-61 所示。

	A	B	C	D	E
1	数据				
2	函数	=AND(TRUE,FALSE)	=AND(TRUE,TRUE)	=AND(1>2,1)	=AND(3+1=4,1)
3	结果	FALSE	TRUE	FALSE	TRUE
4	说明	两个逻辑值，一真一假，结果为假	两个逻辑值，全真，结果才为真	1>2为假，1为真，故结果为假	3+1=4这个结果为真，1为真，故结果为真

图 4-61　And 函数

4.5.3　求并运算函数——Or

Or 函数是与 And 函数相对应的常用逻辑函数，用于判断其参数数组中是否存在逻辑值为真的情况，只要有一个参数为真，则函数返回真。否则，返回假。Or 函数与 And 函数的区别在于，And 函数要求所有函数逻辑值均为真，结果方为真。而 Or 函数仅需其中任何一个为真即可为真。Or 函数一般不单独使用，常与其他条件的函数结合使用。该函数的语法结构为：

Or(logical1,logical2,…)

该函数参数的含义如下：

■　logical1,logical2,…：待检验真假值的逻辑表达式（最多支持 1 ～ 255 个），它们的结果或为真，或为假。该参数必须是逻辑值、包含逻辑值的数组或引用，若数组或引用内含有文字或空白单元格，则忽略其值。若指定的单元格区域内包括非逻辑值，函数将返回错误值"#VALUE!"。

Or 函数的使用效果如图 4-62 所示。

△	A	B	C	D	E
1	数据				
2	函数	=OR(TRUE,FALSE)	=OR(FALSE,FALSE)	=OR(1>2,0)	=OR(3+1=4,0)
3	结果	TRUE	FALSE	FALSE	TRUE
4	说明	两个逻辑值，一真一假，结果为真	两个逻辑值，全假，结果才为假	1>2为假，0为假，故结果为假	3+1=4这个结果为真，0为假，故结果为真

图 4-62　Or 函数

4.5.4　求反运算函数——Not

Not 函数是 Excel 中一个很有趣的函数，用于对逻辑值求反运算，即当逻辑值为真时，它就返回假。逻辑值为假时，它就返回真。该函数的语法结构为：

Not(logical)

该函数参数的含义如下：

■ logical：能够得出 true 或 false 结论的逻辑值或逻辑表达式。若逻辑值或表达式的结果为假，则函数返回真。若逻辑值或表达式的结果为真，则函数返回的结果为假。

Not 函数的使用效果如图 4-63 所示。

△	A	B	C	D	E
1	数据	TRUE	FALSE	1	0
2	函数	=NOT(B1)	=NOT(C1)	=NOT(D1)	=NOT(E1)
3	结果	FALSE	TRUE	FALSE	TRUE
4	说明	TRUE的反就是FALSE	FALSE的反就是TRUE	1（代表TRUE）的反就是0（代表FALSE）	0（代表FALSE）的反就是1（代表TRUE）

图 4-63　Not 函数

4.5.5　错误判断函数——Iferror

在 Excel 使用过程中，偶尔会遇到公式或函数出错的情况，如果单元格直接显示错误代码，会显得缺乏友好性。用户可以通过 Iferror 函数来解决这个问题。Iferror 函数用于捕获和处理公式中的错误，当公式的计算结果错误时，则返回指定的信息值，否则将返回公式的结果。该函数的语法结构为：

Iferror(value,value_if_error)

该函数参数的含义如下：

■ value：可能返回错误值的表达式或单元格。常见的错误类型有 #N/A、#VALUE!、#REF!、#DIV/0!、#NUM!、#NAME? 和 #NULL! 等。

■ value_if_error：用户自己定义的函数返回值。当公式的计算结果或单元格显示发生错误时，函数返回该值，否则返回公式或单元格的值。

Iferror 函数的使用效果如图 4-64 所示。

	A	B	C	D	E	F	G
1	数据	#DIV/0!	#NAME?	#VALUE!	#NUM!	#N/A	#REF!
2	函数	=IFERROR(B1,"除数为0")	=IFERROR(C1,"公式中使用了Excel不能识别的文本")	=IFERROR(D1,"使用错误参数")	=IFERROR(E1,"数字有问题")	=IFERROR(F1,"没有可用的数值")	=IFERROR(G1,"单元格引用无效")
3	结果	除数为0	公式中使用了Excel不能识别的文本	使用错误参数	数字有问题	没有可用的数值	单元格引用无效
4	说明	在Excel中输入计算公式或函数后，经常会因为某些错误，在单元格中显示错误信息。这些错误信息是英文的，别人不易理解，为了让人理解，可以借助于IFERROR函数将相应的英文信息替换掉。比如B1单元格里出现了"#DIV/0!"错误信息，就可以利用IFERROR函数，将该信息替换为"除数为0"，旁人一看就明白了					

图 4-64　Iferror 函数

第 5 章
数据分析

　　数据分析是指用适当的统计分析方法对数据进行统计、分析，挖掘内在有价值信息的过程，其目的在于帮助用户进行判断和决策。当下数据分析已经成为一门通识技能，渗透到了日常工作的各个岗位。本章主要介绍条件格式、数据排序、数据筛选、分类汇总、图表和数据透视表／图等相关知识。

※ 知识目标

■理解条件格式的含义与作用；

■理解简单排序和多重排序的含义与作用；

■理解自动筛选和高级筛选的含义与作用；

■理解分类汇总的含义与作用；

■理解各种图表的含义与使用场景；

■理解数据透视表／图的含义与作用。

※ 能力目标

■掌握条件格式的使用方法；

■掌握数据简单排序、多重排序的操作方法；

■掌握自动筛选和高级筛选数据的操作方法；

■掌握数据分类汇总的操作方法；

■掌握图表的操作方法；

■掌握数据透视表／图的操作方法。

5.1　条件格式

Excel 条件格式功能是用于数据分析的基础操作，当单元格数据满足指定条件时，单元格按照预先设定的格式显示。同一单元格或单元格区域，支持使用多种条件格式设定。

5.1.1　条件格式的分类

日常工作中，为了方便查找满足条件的单元格，Excel 内置了六种条件格式规则供用户直接调用。用户在使用这些 Excel 内置规则的同时，也可以根据需要自定义新的条件格式，并在不需要的时候随时删除。

- 突出显示单元格规则：将单元格区域中满足某一指定条件的数据值用预先设定的格式显示。
- 项目选取规则：将数据表中某些特定范围的单元格区域中的数据用预先设定的格式显示，如所选单元格区域中值最大（或最小）的前 10 项、值最大（或最小）的 10% 项、高于（或低于）数据平均值的数据等。
- 数据条：将单元格区域中所有数值型、日期型数据的值按照数据条的形式进行显示。其中，数据条长短代表了数据值的大小。
- 色阶：将单元格区域的数据按值的范围用不同的底纹颜色显示，同种颜色中包含了双色渐变和三色渐变，分别表示在相同范围内单元格值的大小。
- 图标集：将单元格区域的数据按值的范围用不同的图标表示，图标表示单元格值的范围。
- 其他规则：利用公式确定要设置格式的单元格或区域，对数据条、色阶、图标集可进行自定义设置。

5.1.2　条件格式的设置

选择要设置条件格式的单元格区域，依次执行"开始"→"样式"→"条件格式"下拉列表中相应的选项命令。如执行"突出显示单元格规则"→"小于"命令，在随即打开的"小于"对话框中，输入设置条件（如"<85"），并在"设置为"下拉列表框中选择相应的突出显示颜色（如"浅红色填充"），如图 5-1 所示。单击"确定"按钮，完成条件格式设置。此时，若单元格中的数据符合小于 85 的条件，则该单元格按浅红色填充显示；若不符合该条件，则保持原格式显示。

图 5-1　条件格式设置

1. 新建条件格式

当 Excel 自带的条件格式不能满足用户需求时，用户还可以依次执行"开始"→"样式"→"条件格式"→"新建规则"命令,在随即打开的"新建格式规则"对话框进行设置,如图 5-2 所示。

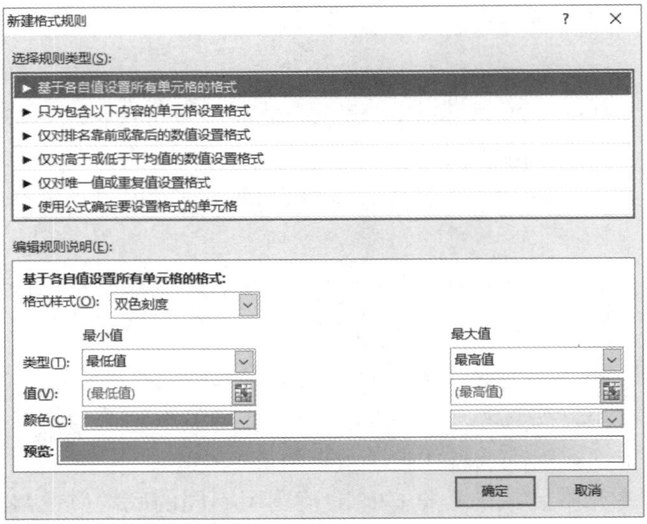

图 5-2　"新建格式规则"对话框

在"新建格式规则"对话框中，单击"选择规则类型"项目选择不同规则类型时,"编辑规则说明"区出现不同的参数设置项。如选择"仅对唯一值或重复值设置格式"规则类型,在"编辑规则说明"区中的"全部设置格式"下拉列表中选择"重复"选项（即当选定单元格区域中重复出现的数据时，满足指定条件），选定范围中的数值。然后单击"格式"按钮,在随即打开的"单元格格式"对话框中设置格式,单击"确定"按钮完成格式设置,效果如图 5-3 所示。

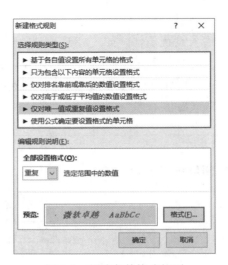

图 5-3　新建条件格式规则

2. 编辑条件格式

条件格式设置完成后，软件运行，用户再次编辑。这时用户需选中要设定条件格式的单元格或单元格区域，依次执行"开始"→"样式"→"条件格式"→"管理规则"命令，打开"条件格式规则管理器"对话框，如图 5-4 所示。

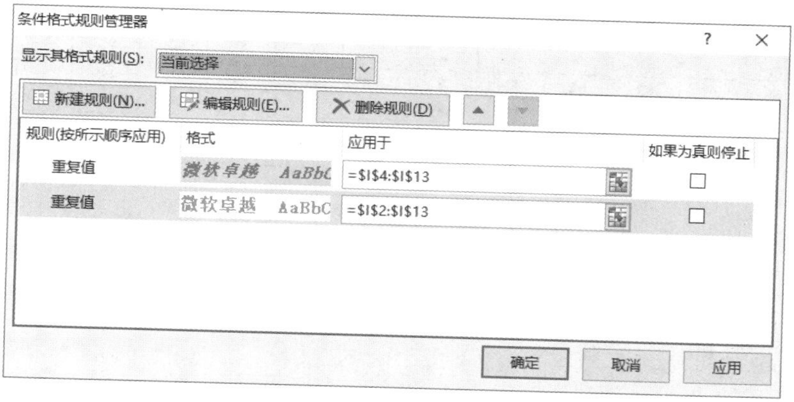

图 5-4　"条件格式规则管理器"对话框

该对话框下方显示了该单元格或区域所设定的全部条件格式，用户可以在选定需要修改的条件格式后，单击对话框中"编辑规则"按钮，进而打开"编辑格式规则"对话框。在该对话框中，重新设定条件和格式。

3. 删除条件格式

对于以后不再使用的条件格式，用户可以通过上述编辑条件格式的操作方法，依次执行"开始"→"样式"→"条件格式"→"管理规则"命令，打开"条件格式规则管理器"对话框。在对话框中选择要删除的条件格式，然后单击"删除规则"按钮，完成该条件格式的删除。

如果要删除整个选择区域或工作表的条件格式，用户可以依次执行"开始"→"样式"→"条件格式"→"管理规则"→"清除规则"→"清除所选单元格的规则"（或"清除整个工作表的规则"）命令，对选定单元格内的全部规则进行删除（或对整个工作表包含的规则进行删除）。

小技巧

同一个单元格或区域可设置多个规则，多规则的优先级别可通过"条件格式规则管理器"对话框进行查看和编辑。通过单击"上移"和"下移"按钮调整顺序，越靠上面的规则级别越高。

5.1.3　条件格式的应用

根据某公司销售利润统计表数据，使用条件格式突出显示利润低于 20 的数据，以及利润和最大的前三项数据。完成后的效果如图 5-5 所示。

某药材公司某年销售利润统计表

	重庆	上海	北京	山东	海南	云南	贵州	河南	山西	西藏	利润和
人参	12	20	80	106	64	170	84	128	167	71	902
丁香	63	90	121	48	27	63	199	10	137	113	871
三七	159	150	179	181	52	102	74	20	38	19	1257
大枣	38	186	9	193	152	167	169	70	177	96	1047
山药	180	42	124	176	200	100	42	16	155	12	914
八角	177	33	10	70	91	26	76	150	177	104	1081
天麻	102	122	148	83	23	26	115	192	183	52	1112
川乌	125	98	46	135	154	119	8	16	32	55	69	645
川芎	50	99	198	172	131	107	150	132	133	176	1256
山姜	51	130	74	172	131	107	150	132	133	176	

图 5-5　案例完成效果

（1）打开素材文件"销售利润统计表 .xlsx"工作簿，选择单元格区域 B3:K12，并依次执行"开始"→"样式"→"条件格式"→"突出显示单元格规则"→"小于"命令，打开"小于"对话框。

（2）在打开的"小于"对话框内输入 20，在右侧下拉列表中选择"自定义格式"，在随即弹出的"设置单元格格式"对话框中，选择"字体"选项卡，完成字形加粗、字体颜色为红色的设置，如图 5-6 所示。

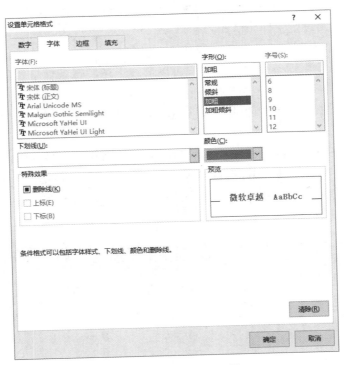

图 5-6　自定义格式设置

（3）单击"确认"按钮，返回"小于"对话框，如图 5-7 所示。然后单击"确定"按钮，返回工作表，完成表格中小于 20 的数据以红色加粗格式显示的操作。

图 5-7　"小于"对话框

（4）选择单元格区域 L3:L12，依次执行"开始"→"样式"→"条件格式"→"项目选取规则"→"前 10 项"命令，打开"前 10 项"对话框。在该对话框的左侧框输入 3，右侧下拉列表中选择"绿填充色深绿色文本"，如图 5-8 所示。

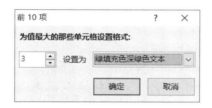

图 5-8　"前 10 项"对话框

（5）单击"确定"按钮，返回工作表，完成"利润和"列数据中最大的三项以指定格式显示的操作。

5.2　数据排序

数据排序是数据分析的基础性操作，是将数据表中的数据按照指定排序规则进行先后排序的操作。Excel 提供了多种数据排序方法，用户可以根据需要按行或列、升序、降序或自定义排序。Excel 的排序是根据单元格中的内容大小进行排列的，对数据表而言，排序操作将依据当前单元格所在的列作为排序依据。

对于多种数据类型的数据排序来说，按升序排序时，Excel 使用如下顺序进行排序。按降序排序时，相对于升序排序顺序全部反转。

- 数字从最小的负数到最大的正数，顺序排序。
- 文本以及包含数字的文本，按 0 1 2 3 4 5 6 7 8 9 ' - (空格) ! " # $ % & ( ) * , . / : ; ? @ [\ ] ^ _ ` { | } ～ + < = > A B C D E F G H I J K L M N O P Q R S T U V W X Y Z . 的顺序排序。
- 逻辑值假 False 排在逻辑值真 True 的前面。
- 所有错误值的优先级相同。
- 汉字的排序可以按笔画排序，也可按字典顺序（默认）排序，这可以通过有关操作由用户设置。按字典顺序排序时是依照拼音字母由 A ～ Z 排序，如"王"排在"张"前面，而"赵"排在"张"后面。
- 空格字符排在最后。

5.2.1　简单排序

简单排序是指在工作表中以一列数据为排序依据，对表格数据进行排序。用户可以使用选项卡中的排序命令来完成。

用户可以将光标定位到需要排序列中的任一单元格中，然后依次执行"数据"→"排序和筛选"→"升序"（或"降序"）命令，完成数据简单排序。

如果在工作表中选择的是单元格区域，然后按照上述操作打开"排序提醒"对话框，提示"扩展选定区域"或以"当前选定区域排序"，如图 5-9 所示。

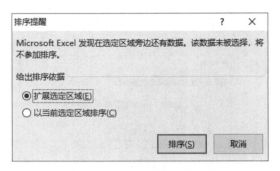

图 5-9　"排序提醒"对话框

当选择"扩展选定区域"时，数据排序对整个表格区域进行排序；而选择"以当前选定区域排序"时，则只对当前选定区域进行排序，其他与之对应的数据将不自动进行排序。

> ### 小技巧
>
> 在进行数据排序时，需要特别注意数据表中的空行或空列。因为 Excel 只能自动识别空行前面的部分或空列左边的数据，而漏掉空行下面或空列右边的数据，从而可能只对部分记录进行了排序，而非全部记录。

5.2.2　多重排序

相对于简单排序而言，多重排序是指按照两个或两个以上条件对数据进行的排序，即在多列数据中进行排序。

在进行数据多重排序操作时，要以某个数据列为主要排序依据，该数据列被称为主要关键字。当表记录中主关键字出现相同值时，多重排序会根据指定的第二个排序关键字（即次要关键字）进行排序。在主要关键字和次要关键字都相同的情况下，则会根据指定的下一个次要关键字进行排序，并以此类推。

用户可以在工作表中选择需要排序的任意一个单元格或单元格区域，然后依次执行"数据"→"排序和筛选"→"排序"命令，打开的"排序"对话框如图 5-10 所示。

默认情况下，该对话框中包含一个排序主要关键字，用户可根据需要单击"添加条件"按钮添加次要关键字，并在"排序依据"和"次序"下拉列表中选择相应的选项。

同样也可以单击"删除条件"按钮,将不需要的排序关键字删除。完成排序关键字设置后,
单击"确定"按钮,完成数据多重排序操作。

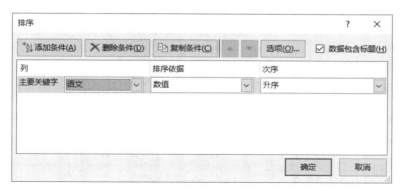

图 5-10 "排序"对话框

在"排序"对话框中,如果勾选"数据包含标题"复选框,则将选定区域的第一行
作为排序的标题,该行不参加排序,始终处在表格的第一行位置;如果取消该选项,则
选定区域的第一行作为普通数据,参与数据的排序。

在 Excel 中,数据排序除了常见的升序和降序以外,还支持自定义序列的次序排序。
用户可以通过选择"排序"对话框中的"次序"下拉列表中的"自定义序列"选项,打开"自
定义序列"对话框,并进行设置。同时,Excel 不仅支持数值,还支持单元格颜色、字体
颜色和单元格图标等作为排序依据。用户可以在"排序"对话框中的"排序依据"下拉
列表中进行选择。

> **小技巧**
>
> Excel 除了传统的按照字符顺序排序外,还设置了更多排序选项。用户可以通过
> 单击"排序"对话框中的"选项"按钮,打开"排序选项"对话框。通过该对话框,
> 进一步设置以行、列、字母,或者笔划等为排序依据的更多方式的排序。

5.2.3 数据排序的应用

针对班级各科成绩统计表中的数据,使用自定义排序方法,对班级和总分列进行排
序操作。完成后的效果如图 5-11 所示。

(1)打开素材文件"班级各科成绩统计表 .xlsx"工作簿,将光标定位到工作表中任
一单元格,依次执行"数据"→"排序和筛选"→"排序"命令,打开"排序"对话框。

(2)在该对话框中勾选"数据包含标题"复选框,然后在"主要关键字"下拉列表
中选择"班级"字段,在"次序"下拉列表框中选择"降序"选项。

(3)然后,单击对话框中的"添加条件"按钮,添加排序次要关键字。在"次要关键字"
下拉列表中选择"总分"选项,并设置"次序"为"降序",如图 5-12 所示。

(4)设置完成后,单击"确定"按钮,完成工作表的多重排序操作。当前的排序为以"班

级"降序排列，班级相同的记录按照"总分"降序排序。该排序结果适合按照班级分发成绩表。

班级各科成绩统计表

学号	姓名	班级	语文	数学	英语	生物	地理	历史	政治	总分	平均分
120304	倪冬声	3班	95.00	97.00	102.00	93.00	95.00	92.00	88.00	662.00	94.57
120306	吉祥	3班	101.00	94.00	99.00	90.00	87.00	95.00	93.00	659.00	94.14
120301	符合	3班	99.00	98.00	101.00	95.00	91.00	95.00	78.00	657.00	93.86
120305	包宏伟	3班	91.50	89.00	94.00	92.00	91.00	86.00	86.00	629.50	89.93
120303	闫朝霞	3班	84.00	100.00	97.00	87.00	78.00	89.00	93.00	628.00	89.71
120302	李郷郷	3班	78.00	95.00	94.00	82.00	90.00	93.00	84.00	616.00	88.00
120205	王清华	2班	103.50	105.00	105.00	93.00	93.00	90.00	86.00	675.50	96.50
120201	刘鹏举	2班	93.50	107.00	96.00	100.00	93.00	92.00	93.00	674.50	96.36
120206	李北大	2班	100.50	103.00	104.00	88.00	89.00	78.00	90.00	652.50	93.21
120204	刘康锋	2班	95.50	92.00	96.00	84.00	95.00	91.00	92.00	645.50	92.21
120202	孙玉敏	2班	86.00	107.00	89.00	88.00	92.00	88.00	89.00	639.00	91.29
120203	陈万地	2班	93.00	99.00	92.00	86.00	86.00	73.00	92.00	621.00	88.71
120101	曾令煊	1班	97.50	106.00	108.00	98.00	99.00	99.00	96.00	703.50	100.50
120102	谢如康	1班	110.00	95.00	98.00	99.00	93.00	93.00	92.00	680.00	97.14
120106	张桂花	1班	90.00	111.00	116.00	72.00	95.00	93.00	95.00	672.00	96.00
120104	杜学江	1班	102.00	116.00	113.00	78.00	88.00	86.00	73.00	656.00	93.71
120103	齐飞扬	1班	95.00	85.00	99.00	98.00	92.00	92.00	88.00	649.00	92.71
120105	苏解放	1班	88.00	98.00	101.00	89.00	73.00	95.00	91.00	635.00	90.71

图 5-11　案例完成效果

图 5-12　"排序"设置

（5）同时，用户还可以依次执行"数据"→"排序和筛选"→"排序"命令，在打开的"排序"对话框中，通过调整主要关键字和次要关键字的先后顺序，来实现"总分"为主要关键字，"班级"为次要关键字。操作完成后，表格数据将以"总分"排序，总分相同再按班级排序。该排序结果适合全部班级的成绩排名比较。

5.3　数据筛选

数据筛选是 Excel 数据分析的又一有力工具，利用数据筛选功能可以在数据表中仅仅显示满足筛选条件的数据记录，屏蔽其他记录，进而有效缩减数据显示范围，提高工作效率。同时，它也是保护数据隐私的好帮手。

数据筛选与排序功能不同，前者是对数据过滤，只显示满足条件的记录，而不对数据排序；后者是对数据进行排序，而不减少显示的记录数量。

在 Excel 中，数据筛选有自动筛选、自定义筛选和高级筛选三种类型。无论使用哪一种数据筛选，数据区域都必须包含列标题所在行（包含字段名称的行，即标题行），且每个标题名称必须唯一。

5.3.1　自动筛选

自动筛选是最简单的一种数据筛选方法，是根据用户设定的筛选条件，自动将表格中符合条件的数据显示出来，而将表格中其他不满足条件的数据行隐藏。

自动筛选的操作方法非常简单，用户只需将光标定位到工作表中任一单元格，然后依次执行"数据"→"排序和筛选"→"筛选"命令。此后，工作表表头的各个字段名右侧会显示一个黑色三角形按钮。单击该按钮，在其下拉列表中选择相应的筛选条件（下拉列表中的各个复选项），即可完成数据的自动筛选。

用户在使用自动筛选功能时，也可以通过合理使用下拉列表中的搜索框，从而快速定位到符合条件的筛选记录。如在"姓名"筛选下拉列表搜索框中输入"刘"，Excel 则可以快速将"刘"作为筛选条件，进而将工作表中"姓名"中含有"刘"的记录显示出来。

> **🔊 小技巧**
>
> 完成数据筛选操作后，要取消已设置的数据筛选状态，显示表格中的全部数据时，用户只需要再次执行"数据"→"排序和筛选"→"筛选"命令，取消"筛选"按钮的选中状态即可。

5.3.2　自定义筛选

自定义筛选是在自动筛选的基础上进行操作的，即在依次执行"数据"→"排序和筛选"→"筛选"命令后，单击字段名右侧的下三角按钮，在其下拉列表中选择相关命令下的二级命令。这里面需要注意的是 Excel 会根据当期字段的数据类型，动态显示命令菜单，如"文本筛选""数字筛选"和"日期筛选"等。

数字筛选的使用概率最高，如筛选考试成绩介于 50 到 60 之间的记录。用户可以在依次执行"数据"→"排序和筛选"→"筛选"命令后，单击"成绩"列右侧的下三角按钮，依次选择"数字筛选"→"介于"命令，打开"自定义自动筛选方式"对话框。在该对话框中，分别在"大于或等于"文本框中输入"50""小于或等于"文本框中输入"60"、二者之间选择"与"，如图 5-13 所示。

这里的"与"表示要同时满足两个条件，即要大于等于 50，同时还要小于等于 60；如果选择"或"，则表示只需要满足两个条件中的任意一个条件。

> **🔊 小技巧**
>
> 针对文本型字段的"文本筛选"，在"自定义自动筛选方式"对话框中支持使用通配符代替字符或字符串，如"?"代表任意一个字符，"*"代表任意多个字符。

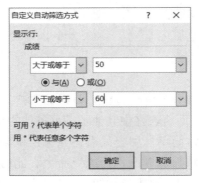

图 5-13　自定义筛选数据

5.3.3　高级筛选

自动筛选虽然简单，但功能不够强大，尤其是针对多列数据条件的筛选来说，显得力不从心。相对于自动筛选来说，高级筛选显得功能更加强大，操作更为灵活，主要用于针对两列或两列以上的筛选条件的情况。

用户在使用高级筛选功能时，需要首先建立一个筛选"条件区域"来作为高级筛选的条件。条件区域就是分别将筛选字段的标题和筛选条件对应地写在同列不同行中，当多个条件出现在同一行时，表示并且关系，即多个条件同时成立。多个条件出现在不同行时，表示或者关系，即只需满足其中至少一个条件。这里需要注意，筛选字段名称必须和要筛选的原始数据表记录一致。同时，当多个筛选字段筛选条件位于同一行时，表示多个筛选条件是并且的关系，即要求同时满足多个条件。而如果多个筛选条件出现在不同行，则表示多个筛选条件是或者的关系。

完成条件区域设置后，用户可以将光标定位到需要进行筛选的数据区域中的任意一个单元格，然后依次执行"数据"→"排序和筛选"→"高级"命令，打开"高级筛选"对话框。在该对话框中，依次选定"列表区域"（即要进行高级筛选的原始数据表）、"条件区域"（即用户设置的筛选条件区域），如图 5-14 所示。

图 5-14　"高级筛选"设置

在该对话框中，用户可以选择"将筛选结果复制到其他位置"单选按钮，同时设置"复制到"为某一个指定单元格位置。这样就可以不在原始数据表上操作，而将筛选结果复制到指定位置。需要提醒的是，如果使用该操作，用户需要在进行高级筛选时，先将光标定位到要出现筛选结果的工作表中，再进行高级筛选操作，否则系统会出现错误提示。

📢 小技巧

在"高级筛选"对话框中，如果勾选"选择不重复的记录"复选框，在筛选结果中，如果出现重复记录行，则只显示或复制一行记录。该功能与删除重复项有一定类似。

5.3.4　数据筛选的应用

针对部门评测统计表中的数据，完成按"部门"和"心理学"的自定义筛选，以及对有不及格成绩记录的高级筛选。

（1）打开素材文件"部门测评统计表 .xlsx"工作簿,将光标定位到"心理学成绩统计"工作表中任一单元格，依次执行"数据"→"排序和筛选"→"筛选"命令。

（2）此时工作表中数据处于筛选状态，单击"心理学"列右侧下三角按钮，在打开的列表中依次执行"数字筛选"→"自定义筛选"命令，随即弹出"自定义自动筛选方式"对话框。在该对话框中，分别设置"小于"为"90""大于"为"85"，两者之间选择"与"运算，如图 5-15 所示。

图 5-15　自定义筛选设置

（3）单击"确定"按钮，完成心理学考试成绩满足 85 ～ 90 的数据筛选操作，效果如图 5-16 所示。

	A	B	C	D	E	F	G	H	I	J	K
1	部门测评统计表										
2	编号	部门	姓名	性别	心理学	教育学	管理学	计算机	行政	英语	体育
7	5	人事处	宁小菲	女	87	86	84	90	81	85	83
20	18	组织部	李阳阳	女	87	80	68	58	75	65	85
29	27	组织部	杨延雷	女	86	81	65	74	78	81	81
35	33	学生处	张少彬	男	86	81	65	74	78	81	81

图 5-16　自定义筛选结果

（4）打开"不及格成绩统计"工作表，在单元格区域 A41∶G48 创建高级筛选的筛选条件，并适当设置表格的样式，如图 5-17 所示。

	A	B	C	D	E	F	G	H	I	J	K
34	32	组织部	王晓彤	男	95	86	68	75	68	84	67
35	33	学生处	张少彬	男	86	81	65	74	78	81	81
36	34	宣传部	陈宝强	女	90	85	88	98	82	86	89
37	35	学生处	宁渊博	女	75	86	95	90	80	81	63
38	36	宣传部	杨伟	女	76	81	86	68	78	48	67
39											
40											
41	心理学	教育学	管理学	计算机	行政	英语	体育				
42	<60										
43		<60									
44			<60								
45				<60							
46					<60						
47						<60					
48							<60				

图 5-17　"高级筛选"条件设置

（5）将光标定位到单元格区域 A2:K38 中任一位置，依次执行"数据"→"排序和筛选"→"高级"命令，打开的"高级筛选"对话框。在该对话框中，选择"在原有区域显示筛选结果"单选按钮，并设置"列表区域"为 $A$2:$K$38，"条件区域"为 $A$41:$G$48，如图 5-18 所示。

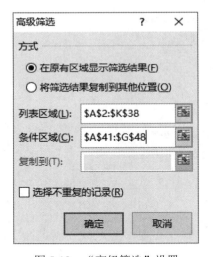

图 5-18　"高级筛选"设置

（6）设置完成后，单击"确定"按钮，完成对含有不及格记录的高级筛选操作，最终结果如图 5-19 所示。

图 5-19 "高级筛选"结果

> **小技巧**
>
> 当工作表完成数据筛选后，若要显示出原有的全部记录，用户可以将光标定位到筛选结果中的任一单元格内，并依次执行"数据"→"排序和筛选"→"清除"命令，即可恢复显示全部记录。

5.4 分类汇总

分类汇总是 Excel 数据分析的重要功能之一，是在工作表按照指定分类字段分类后，进行的数值汇总统计。其中，汇总统计主要包括求和、求平均值、求最大值、求最小值、求乘积、求计数、求标准差、求总体标准差、求方差、求总体方差等。

5.4.1 分类汇总基础

分类汇总是数据分析中的常用操作，充分利用好分类汇总，可以对分组后的数据进行有效的分析，如每一个班的平均分对比、每一个部门的平均收入、一个队的人数等。

1. 分类汇总的准备

数据进行分类汇总时，必须满足两个前提条件。首先，要进行分类汇总的工作表必须包含列标题；其次，数据必须按照进行分类汇总的数据列排序（升序或降序排序），这个排序的列标题被称为分类汇总关键字。在进行分类汇总时，系统只允许指定已排序的列标题作为汇总关键字。

2. 分类汇总的要素

工作表进行分类汇总操作时，必须包含分类字段、汇总方式和选定汇总项三个基本要素，否则无法完成分类汇总操作。

- 分类字段：在"分类汇总"对话框中，"分类字段"下拉列表中罗列了数据表中的所有列标题。这里必须注意的是，"分类字段"必须是已排序的字段。
- 汇总方式：在"分类汇总"对话框中，"汇总方式"下拉列表中罗列了所有的数据汇总方式，如求和、求平均值、统计个数等。

■ 选定汇总项：在"分类汇总"对话框中，"选定汇总项"列表框出了工作表的全部字段。这里选择的汇总项，必须要和汇总方式的数据类型相一致，否则不能正常完成分类汇总操作。

3．汇总数据的保存

对工作表进行分类汇总操作时，对分类汇总结果的处理有替换当前分类汇总、每组数据分页和汇总结果显示在数据下方三种保存方式，用户可以根据需要自由选择。

■ 替换当前分类汇总：最后一次分类汇总结果，取代前一次的分类汇总结果。

■ 每组数据分页：可按分类汇总自动进行分页显示。

■ 汇总结果显示在数据下方：分类汇总行位于原数据表明细行的下面。

5.4.2　创建分类汇总

分类汇总是 Excel 数据分析的常用操作，创建分类汇总时，用户必须先按照分类汇总的分类字段对数据进行排序，然后才可以进行分类汇总操作。具体操作方法如下：

（1）首先将光标定位到分类字段列中任一单元格，然后依次执行"数据"→"排序和筛选"→"升序"（或"降序"）命令，完成分类字段排序操作。

（2）在完成数据排序的基础上，将光标定位到要进行分类汇总的工作表中的任一位置，依次执行"数据"→"分级显示"→"分类汇总"命令，打开"分类汇总"对话框。

（3）在该对话框中，在"分类字段"下拉列表到中选择已排序的字段（如"销售地区"），"汇总方式"下拉列表中选择汇总方式（如"求和"），在"选定汇总项"列表框中选择进行汇总的复选项（如"费用"），如图 5-20 所示。

图 5-20　"分类汇总"设置

（4）单击"确定"按钮，完成分类汇总操作。

小技巧

用户可以对不再使用的分类汇总进行删除，首先将光标定位到分类汇总结果任一单元格，依次执行"数据"→"分级显示"→"分类汇总"命令，在打开的"分类汇总"对话框中单击"全部删除"按钮即可。

5.4.3　显示或隐藏分类汇总

完成数据分类汇总创建后，在工作表左上方会显示 3 个级别的分类汇总按钮。单击相应的分级按钮，可以显示（或隐藏）汇总项和对应的明细。如单击分级按钮“1”，将隐藏所有项目的明细数据，只显示合计数据；单击分级按钮“2”，将隐藏相应项目的明细数据，只显示相应项目的汇总项；单击分级按钮“3”将显示各项目的明细数据。重复单击分级按钮，则完成反操作。

除了使用分级按钮来显示（或隐藏）分类汇总数据外，用户也可以通过执行“数据”→“分级显示”→“显示明细数据”（或“隐藏明细数据”）命令，来显示（或隐藏）分类汇总的明细行。

5.4.4　分类汇总的应用

针对某公司产品销售统计表中的数据，完成按照“销售地区”分类关键字的分类汇总，汇总对比各地区的销售总金额和总费用，完成效果如图 5-21 所示。

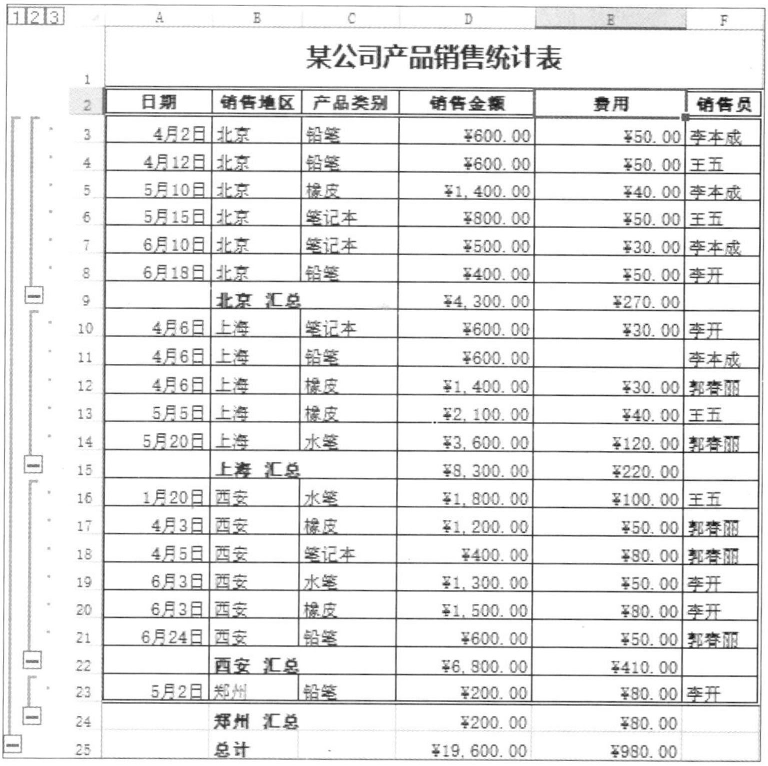

某公司产品销售统计表

日期	销售地区	产品类别	销售金额	费用	销售员
4月2日	北京	铅笔	¥600.00	¥50.00	李本成
4月12日	北京	铅笔	¥600.00	¥50.00	王五
5月10日	北京	橡皮	¥1,400.00	¥40.00	李本成
5月15日	北京	笔记本	¥800.00	¥50.00	王五
6月10日	北京	笔记本	¥500.00	¥30.00	李本成
6月18日	北京	铅笔	¥400.00	¥50.00	李开
	北京 汇总		¥4,300.00	¥270.00	
4月6日	上海	笔记本	¥600.00	¥30.00	李开
4月6日	上海	铅笔	¥600.00		李本成
4月6日	上海	橡皮	¥1,400.00	¥30.00	郭春丽
5月5日	上海	橡皮	¥2,100.00	¥40.00	王五
5月20日	上海	水笔	¥3,600.00	¥120.00	郭春丽
	上海 汇总		¥8,300.00	¥220.00	
1月20日	西安	水笔	¥1,800.00	¥100.00	王五
4月3日	西安	橡皮	¥1,200.00	¥50.00	郭春丽
4月5日	西安	笔记本	¥400.00	¥80.00	郭春丽
6月3日	西安	水笔	¥1,300.00	¥50.00	李开
6月3日	西安	橡皮	¥1,500.00	¥80.00	李开
6月24日	西安	铅笔	¥600.00	¥50.00	郭春丽
	西安 汇总		¥6,800.00	¥410.00	
5月2日	郑州	铅笔	¥200.00	¥80.00	李开
	郑州 汇总		¥200.00	¥80.00	
	总计		¥19,600.00	¥980.00	

图 5-21　案例完成效果

（1）打开素材文件“产品销售统计表 .xlsx”工作簿，选择单元格区域 A2:F20 中任一单元格，依次执行“数据”→“排序和筛选”→“排序”命令，打开“排序”对话框。

（2）在该对话框中，将“主要关键字”设置为“销售地区”，“次序”设置为“升序”，如图 5-22 所示。单击“确定”按钮，完成数据排序设置。

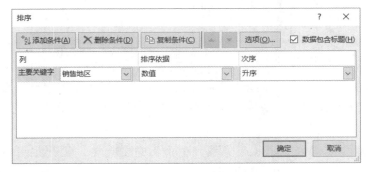

图 5-22 "排序"设置

（3）将光标定位到单元格区域 A2:F20 中任一单元格，依次执行"数据"→"分级显示"→"分类汇总"命令，打开"分类汇总"对话框。

（4）在该对话框中，分别设置"分类字段"为"销售地区"，"汇总方式"为"求和"，"选定汇总项"为"销售金额"和"费用"。其他各项保持默认设置，如图 5-20 所示。单击"确认"按钮，完成分类汇总设置。

（5）完成分类汇总操作后，工作表中的数据将按照销售地区，对销售金额和费用进行汇总显示。用户通过单击工作表的左上角的分级按钮显示和隐藏数据记录。

5.5 图表

图表是 Excel 数据分析的重要组成部分，利用它可以将工作表中的数据通过图形的方式进行表示，更加美观，易于被接受。同时，图表还具有分析数据、查看数据差异、预测走势与发展趋势等功能。

5.5.1 认识图表

作为常用数据分析工具，图表能够直观地进行数据对比和显示，使枯燥的数据显得更加清晰易懂，具有说服力。Excel 提供了多种类型的图表，各类型图表的结构虽有不同，但总体而言，图表结构和功能都是类似的。一般情况下，图表包括图表标题、图例、绘图区、数据系列、坐标轴（分类轴和数值轴）、网格线等部分。

■ 图表标题：对图表内容的概括描述，用于说明图表的中心内容。

■ 图例：通过采用不同色块来表示图表中的数据分类。

■ 绘图区：图表中描绘图形的区域，其形状是根据表格数据形象化转换而来。绘图区主要包括数据系列、坐标轴和网格线等。

■ 数据系列：由数据表格中的数据转化而成，是图表内容的主体部分。

■ 坐标轴：坐标轴分为横坐标轴（X 轴）和纵坐标轴（Y 轴）。一般来说，横坐标轴是分类轴，用于对项目进行分类。纵坐标轴为数值轴，用于显示数据大小。

■ 网格线：配合数值轴对数据系列进行度量的参考线，网格线之间是等距离间隔，用户可根据需要自行设置间隔距离。

5.5.2　图表类型

Excel 提供了丰富多样的图表类型，供用户在不同场合使用。常见的图表类型主要有以下几种：

- 柱形图：Excel 默认的图表类型，通常用于描述不同数据变化的情况，或者描述不同类别数据之间的差异，也可以用于描述不同时期、不同类别的数据变化。
- 折线图：用直线段将各个数据点连接起来而组成的图表，以折线方式表示数据的变化趋势。通常折线图用来分析数据随时间的变化趋势，也可用来分析多组数据随时间变化的相互作用和影响。
- 饼图：将一个圆划分为若干个扇形，每个扇形代表数据系列中的一项数据值，其大小用来表示相应数据项占该数据系列总和的比例值。一般情况下，饼图只用一组数据系列作为源数据，用来描述项目占比和构成等信息。
- 条形图：使用水平横条的长度来表示数据值的大小。条形图主要用于比较不同类别数据之间的差异。一般情况下，把分类项在垂直轴上标出，而把数据的大小在水平轴上标出。这样可以突出数据之间差异的比较，而淡化时间的变化。
- 面积图：实际上是折线图的一种表现形式。它以折线和分类轴（X 轴）组成的面积以及两条折线之间的面积来显示数据系列的值。面积图除了具备折线图的特点外，还可通过显示数据的面积来分析部分与整体的关系。
- XY 散点图：与折线图类似，XY 散点图不仅可以用线段，而且可以用一系列的点来描述数据。XY 散点图除了可以显示数据的变化趋势以外，更多地用来描述数据之间的关系。
- 股价图：主要用来研判股票或期货市场的行情，描述一段时间内股票或期货的价格变化情况，是比较复杂的专用图形，通常需要特定的几组数据。
- 曲面图：在原始数据的基础上，利用跨两维的趋势线来描述数据的变化趋势，而且可以通过拖动图形的坐标轴观察数据的角度。
- 圆环图：由多个同心的圆环组成，每个圆环划分为若干个圆环段，每个圆环段代表一个数据值在相应数据系列中所占的比例。与饼图类似，但它可以显示多个数据系列，常用于比较多组数据的比例和构成关系。
- 气泡图：相当于在 XY 散点图的基础上，增加了第三个变量，即气泡的尺寸。气泡图用于分析更加复杂的数据关系，除了描述两组数据之间的关系之外，还可以描述数据本身的另一种指标。
- 雷达图：由一组坐标轴和三个同心圆构成，每个坐标轴代表一个指标，主要是用来进行多指标体系分析的专业图表。

5.5.3　创建图表

创建图表之前，用户首先需要制作或打开一个创建图表所需的数据表格。然后在选择相应数据区域的基础上，使用某种图表类型创建图表。常见创建图表的方法有下述两种。

1. 单击按钮快速创建图表

首先选择需要创建图表的数据单元格区域，然后单击"插入"→"图表"组中某种图表类型对应的按钮，在打开的下拉列表中选择相应图表的类型，即可在工作表中快速创建所需的图表。

2. 通过对话框创建图表

除了上述方法外，用户还可以通过选择需要创建图表的数据单元格区域，依次执行"插入"→"图表"→"对话框启动器"命令，打开"插入图表"对话框。在该对话框中选择所需的图表类型，然后单击"确定"按钮，来完成图表创建。

Excel 图表创建是根据单元格区域中的数据来创建的，当用户没有选择数据区域，而是只选择一个单元格时，Excel 也会智能地将紧邻该单元格的包含数据的所有单元格作为图表数据源来处理。尽管 Excel 在这方面十分智能，但为了减少错误的发生，建议用户还是通过选择单元格区域来创建图表。

5.5.4 编辑图表

图表创建后，Excel 允许用户再次修改。用户可以选择要编辑的图表，激活"图表工具"组。该工具组包含"设计""布局"和"格式"3 个选项卡，如图 5-23 所示。用户可通过使用这些选项卡，来完成对选定图表的编辑。

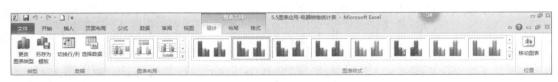

图 5-23　图表工具"设计"选项卡

1. 图表设计

图表设计是针对图表的外观，对图表进行的类如图表类型、图表样式和图表布局等操作。用户可以通过图表工具"设计"选项卡中的相关命令来完成。

- 更改图表类型：依次执行"设计"→"类型"→"更改图表类型"命令，打开"更改图表类型"对话框。在该对话框中选择所需的图表类型，然后单击"确定"按钮，即可完成图表类型的修改。
- 编辑图表数据：依次执行"设计"→"数据"→"切换行/列"命令，可交换当前图表坐标轴上的数据，即将 X 轴的数据切换到 Y 轴，Y 轴的数据切换到 X 轴。用户还可以通过单击"选择数据"按钮，打开"选择数据源"对话框，从而对图表的数据区域、数据系列、图表标签等内容进行修改，完成后单击"确定"按钮使修改生效。
- 设置图表布局：用户可以通过在"设计"→"图表布局"组的列表框中选择相应的布局选项，为图表快速应用图表布局样式。不同的图表类型，默认的布局样式也有所不同。
- 设置图表样式：在"设计"→"图表样式"组的列表框中，用户可以选择相应的图表样式选项，为图表快速应用一种图表样式。Excel 默认提供了 48 种图表样式。

- 移动图表位置：依次执行"设计"→"位置"→"移动图表"命令，打开"移动图表"对话框。在该对话框中可以设置图表的存放位置，如新建的工作表或当前工作簿中的某个工作表，单击"确定"按钮完成操作。

2. 编辑图表布局

一般情况下，Excel 图表主要由网格线、图表标题等部分组成。用户可以通过图表工具"布局"选项卡中的相关命令，对图表元素、标签、坐标轴和背景等多个选项进行设置，使图表更加清晰、美观，如图 5-24 所示。同时，Excel 还支持用户使用添加数据线的方法，来对图表数据进行深入分析。

图 5-24　图表工具"布局"选项卡

- 选择和设置图表元素：在"布局"→"当前所选内容"组的下拉列表中，可选择图表中的某个组成元素，然后单击"设置所选内容格式"按钮，打开相应的设置对话框，从而设置所选图表元素的详细格式。
- 插入其他元素：在"布局"→"插入"组中可单击相应的按钮，从而在图表中插入图片、形状或文本框。其操作方法与插入这些对象完全相同，这里不再赘述。
- 设置图表标签：在"布局"→"标签"组中可以设置图表的标题、坐标轴标题、图例、数据标签和模拟运算表等内容。用户可以单击对应的按钮，在打开的列表中选择相应的选项，进而进行详细设置。
- 设置图表坐标轴：在"布局"→"坐标轴"组中可分别单击"坐标轴"或"网格线"按钮，在打开的列表中选择相应的选项，进而设置图表的坐标轴和网格线效果。
- 设置图表背景：在"布局"→"背景"组中可以设置图表的背景、背景墙、图表基底和三维旋转等内容。单击相应的按钮，在打开的列表中选择相应的选项即可进行相关设置。
- 图表数据分析：用户可以在"布局"→"分析"组中，分别单击相应的按钮，在打开的下拉列表中选择相应的选项，添加和设置趋势线、折线、涨 / 跌柱线、误差线等，进而对图表数据进行详细分析。

3. 设置图表格式

图表工具的"格式"选项卡主要用于对图表的格式设置，如图 5-25 所示。用户可以根据需要，设置图表的形状样式、艺术字样式，更改排列顺序、大小等。

图 5-25　图表工具"格式"选项卡

■ 选择和设置图表元素：在"格式"→"当前所选内容"组的下拉列表中，用户可以选择图表中的某个组成元素，然后单击"设置所选内容格式"按钮，打开相应的设置对话框，进而完成所选图表元素的详细格式设置。

■ 设置形状样式：在"格式"→"形状样式"组的列表框中，用户可以选择预定义的形状样式（Excel 默认有 42 种形状样式），或者通过分别执行"形状填充""形状轮廓""形状效果"命令，来重新设置形状的边框、底纹和效果等样式格式。

■ 设置艺术字样式：在"格式"→"艺术字样式"组的列表框中，用户可以选择预定义的艺术字样式（Excel 默认有 30 种艺术字样式），或者通过分别执行"文本填充""文本轮廓""文本效果"命令，重新设置 SmartArt 图形中艺术字的填充效果、轮廓效果、外观效果等样式格式。

■ 更改排列顺序：当图表中存在多个元素时，可在选中元素对象的前提下，执行"格式"→"排列"组中相应的命令，完成对象的上移一层、下移一层、对齐、组合和旋转等操作。

■ 更改大小：依次执行"格式"→"大小"→"高度"或"宽度"命令，在对应的数值框中输入图片的高度或宽度值，从而完成图表大小的设置。

小技巧

在"形状样式"和"大小"组中单击"对话框启动器"按钮，或在旋转的对象上右击，并在弹出的快捷菜单中选择"设置绘图区格式"命令，都可打开"设置绘图区格式"对话框，在其中可更详细地设置图表的格式。

5.5.5 更新图表

随着图表的数据源中数据的变化，图表内容会随之发生改变，图表更新主要包括以下几项内容：

■自动更新：当数据源的数据发生变化时，图表会自动更新。

■向图表添加数据：复制需要添加的数据，到图表中进行粘贴即可。

■删除数据系列：在图表中选择相应的数据系列，按 Delete 键删除。

5.5.6 图表的应用

根据某公司上半年的销售数据，创建"销售统计表"图表，并对图表进行相应的编辑操作，来分析表格数据最终效果如图 5-26 所示。

（1）打开素材文件"电器销售统计表 .xlsx"工作簿，选择 Sheet1 工作表的 A2:G8 单元格区域，依次执行"插入"→"图表"→"柱形图"命令，在打开的列表的"二维柱形图"栏中选择"簇状柱形图"选项，即第一行第一个选项。

（2）依次执行"设计"→"数据"→"切换行 / 列"命令，实现图表中 X 轴和 Y 轴数据的交换。

（3）执行"图表布局"→"快速布局"命令，在打开的列表中选择"布局 3"选项，即第一行第三个选项。在插入的文本框中输入图表标题"上半年销售情况（单位：元）"，完成图表的标题的设置。

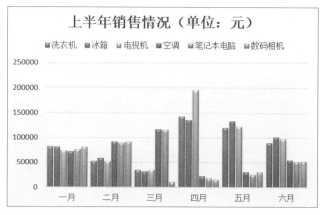

图 5-26　案例完成效果

（4）执行"图表样式"→"快速样式"命令，在打开的下拉列表中选择"样式 26"选项，即第四行第二个选项，完成图表样式的设置。

（5）依次执行"布局"→"标签"→"图例"命令，在打开的列表中选择"在顶部显示图例"选项，完成图表图例显示的设置。

（6）在"格式"→"形状样式"组的列表框中，选择"细微效果 - 橄榄色，强调颜色 3"选项，即第四行第四个选项，完成图表形状样式的设置。

（7）移动图表的位置，并在"格式"→"大小"组的"高度"和"宽度"文本框中分别输入"8"和"12"，完成图表位置和大小的设置。

5.6　数据透视表

数据透视表是 Excel 数据分析的重要功能之一，使用数据透视表可以深入分析表格数据，解决一些预料之外的工作表数据或外部数据源问题。另外，Excel 还提供了一种可视性极强的筛选方法，即用切片器来筛选数据透视表中的数据。

5.6.1　数据透视表基础

数据透视表是一种交互式报表，可以按照不同需要以及不同关系来提取、组织和分析数据，得到用户需要的结果。它是一种动态数据分析工具。数据透视表集成筛选、排序和分类汇总等功能于一身，是 Excel 重要的数据分析工具，弥补了在表格中输入大量数据时，使用图表分析显得拥挤的缺点。

在数据透视表中，用户可以以数值数据进行分类汇总和聚合，按分类和子分类对数据进行汇总，创建自定义的计算和公式。对最有用和最关注的数据子集进行筛选、排序、分组，以及有条件地设置格式，从而显示用户所需要的信息。

创建数据透视表后，在指定的工作表区域可查看数据透视表。其主要由数据透视表布局区域和数据透视表字段列表等构成，其特点和作用分别如下：

■ 数据透视表布局区域：指生产数据透视表的区域，如图 5-27 所示，通过在字段
列表区域中单击选中字段名旁边的复选框，或右击某个字段名并选择该字段要
移动到的位置。

	A	B	C	D	E	F
1						
2						
3	求和项:销售金额	列标签 ▾				
4	行标签 ▾	笔记本	铅笔	水笔	橡皮	总计
5	北京	1300	1600		1400	4300
6	上海	600	600	3600	3500	8300
7	西安	400	600	3100	2700	6800
8	郑州		200			200
9	总计	2300	3000	6700	7600	19600

图 5-27　数据透视表布局区域

■ 数据透视表字段列表：数据透视表字段列表区域用于显示数据源中的列标题。
每个标题都是一个字段，如"销售地区""产品类别"和"销售金额"等，如图
5-28 所示。

图 5-28　数据透视表字段列表

🔊 小技巧

利用数据透视表，用户可以通过将行移动到列或将列移动到行的操作，查看到源
数据的不同汇总结果。还可以通过展开或折叠的方式，查看关注结果的数据级别，查
看某一区域的数据明细。

5.6.2 创建数据透视表

要创建数据透视表，必须连接到一个数据源，并输入报表的位置。而在创建数据透视表之前，要确保数据源中的第一行包含列标签。根据数据源的不同，有以下四种创建数据透视表的方法：

■ 在 Excel 工作表中创建数据透视表。
■ 使用外部数据源创建数据透视表。
■ 使用多重合并计算数据区域创建数据透视表。
■ 使用多重一个数据透视表创建另一个数据透视表。

需要使用数据透视表时，用户可以通过在工作表的数据区域中选择任意一个单元格，执行"插入"→"表格"→"数据透视表"命令,在打开的列表中选择"数据透视表"选项，打开"创建数据透视表"对话框，如图 5-29 所示。

图 5-29 "创建数据透视表"对话框

在"创建数据透视表"对话框的"请选择要分析的数据"栏中，默认选择"选择一个表或区域"单选按钮,在"表 / 区域"参数框中输入创建数据透视表的数据区域,在"选择放置数据透视表的位置"栏中设置存放数据透视表的位置,完成设置后单击"确定"按钮。此时，系统会创建一个空白的数据透视表，并打开"数据透视表字段列表"任务窗格，如图 5-30 所示。

通过在"选择要添加到报表的字段"列表框中，勾选相应字段的复选框，即可添加该字段为数据透视表字段，进而完成数据透视表的创建。

5.6.3 编辑数据透视表

创建数据透视表后,在"数据透视表字段列表"任务窗格的"选择要添加到报表的字段"列表框中,可添加或删除字段。在"在以下区域间拖动字段"栏中,可重新排列和定位字段。通过"数据透视表字段列表"任务窗格，可分别设置数据透视表的字段列表、报表筛选、列标签、行标签、数值等选项。

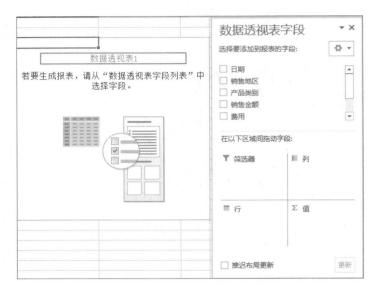

图 5-30　"数据透视表字段列表"任务窗格

1. 添加字段

在数据透视表的字段列表中，包含了数据透视表中所有的数据字段（也称为数据列表），要将所需字段添加到数据透视表，常用以下两种方法：

■　添加字段到默认区域：在"数据透视表字段列表"任务窗格的字段列表中，直接勾选各字段名称的复选框，这些字段将自动放置在数据透视表的默认区域。

■　添加字段到指定区域：在字段列表的字段名称上右击，在打开的快捷菜单中选择"添加到报表筛选""添加到行标签""添加到列标签"和"添加到值"命令，或拖动所需的字段到"数据透视表字段列表"任务窗格下方的各个区域中，即可将所需的字段放置在数据透视表的指定区域中。

2. 移动字段

要在不同区域之间移动字段，可在"数据透视表字段列表"任务窗格的"在以下区域间拖动字段"栏的相应区域中单击所需的字段，在打开的下拉列表中选择移动到其他区域的命令，如"移动到行标签"命令和"移动到列标签"命令等。

3. 设置值字段

默认情况下，数据透视表的数值区域显示为求和项。用户也可以根据需要进行相应的设置，如平均值、最大值、最小值、计数、乘积、偏差和方差等。

用户可以通过在"数据透视表字段列表"任务窗格最下面的栏中单击所需的字段，在打开的列表中选择"值字段设置"选项。然后，打开"值字段设置"对话框，在"值汇总方式"选项卡的"计算类型"列表框中选择字段计算的类型。在"值显示方式"选项卡中设置数据显示的方式，如无计算、百分比、差异等，完成后单击"确定"按钮即可。

小技巧

　　在数据透视表中选择某个数值,然后在"数据透视表工具选项"的"活动字段"组中,单击"字段设置"按钮,同样也可打开"值字段设置"对话框。

　　4. 编辑透视表中的数据

　　在工作表中,若数据透视表的数据源区域发生了改变,那么要同时更改数据透视表中的数据,可在"数据透视表工具选项"→"数据"菜单中执行如下操作:

■ 更新透视表中的数据:单击"刷新"按钮下方的下三角按钮,在打开的下拉列表中选择"刷新"或"全部刷新"选项,即可完成数据透视表的数据更新。

■ 更改透视表的数据源:单击"更改数据源"按钮下方的下三角按钮,在打开的下拉列表中选择"更改数据源"选项。然后在打开的"更改数据透视表数据源"对话框中,重新设置数据透视表的数据源区域,单击"确定"按钮,完成数据透视表的数据源修改。

　　5. 清除数据透视表

　　删除数据透视表中所有的报表筛选、标签、值和格式,然后重新设计布局,需要使用"全部清除"操作,该操作可有效地重新设置数据透视表,但不会将其删除,且数据透视表的数据连接、位置和缓存保持不变。

　　首先,选择数据透视表中任意一个单元格,依次执行"数据透视表工具选项"→"操作"→"清除"命令,在打开的列表中选择"全部清除"选项,即可完成数据透视表的清除操作。

　　6. 删除数据透视表

　　数据透视表作为一个整体,允许用户使用下拉列表删除其中部分数据。如果要删除整个数据透视表,用户可以选择数据透视表中任意一个单元格,然后依次执行"数据透视表工具选项"→"操作"→"选择"命令,在打开的列表中选择"整个数据透视表"选项,完成整个数据透视表的选择。然后,按"Delete"键即可删除。

5.6.4　设置数据透视表

　　为了使数据透视表外观效果更加美观,用户可以在数据透视表的任意位置单击选择某个单元格,然后在"数据透视表工具设计"选项卡中执行以下操作,来完成相关设置。

■ 重新布局数据透视表:单击"布局"组中相应的按钮,在打开的下拉列表中选择所需的选项,即可重新布局数据透视表。

■ 显示数据透视表样式选项:勾选"数据透视表样式选项"组中数据透视表样式选项对应的复选框,如列标题、行标题、镶边行和镶边列等,即可对数据透视表样式进行设置。

■ 设置数据透视表样式:在"数据透视表样式"列表框中,选择预设的数据透视表样式,即可对数据透视表样式进行设置。

5.6.5 切片器的使用

切片器是为了简化数据筛选操作的一个组件，包含一组按钮，能够让用户快速地筛选数据透视表中的数据，而不需要通过下拉列表查找要筛选的项目。

创建切片器时，用户可以选择数据透视表，依次执行"数据透视表工具选项"→"排序和筛选"→"插入切片器"命令，在打开的下拉列表中选择"插入切片器"选项，打开"插入切片器"对话框，如图5-31所示。

图 5-31 "插入切片器"对话框

在"插入切片器"对话框中，用户可以通过勾选要为其创建切片器的字段复选框，完成后单击"确定"按钮，即可在工作表中为选中的字段创建一个切片器。当用户选择切片器时，系统会自动激活的"切片器工具"选项，如图5-32所示。

图 5-32 "切片器工具"选项

在"切片器工具选项"中，用户可以设置切片器、切片器样式、切片器中按钮的排列方式和大小等。在切片器上单击相应项目对应的按钮，数据透视表中的数据将发生相应的变化。

> **小技巧**
>
> 选择切片器上的某个筛选项后，在切片器的右上角单击"筛选"按钮，可选择切片器中所有筛选项，即清除筛选器。若需直接删除切片器，可选择切片器后按"Delete"键。

5.6.6 数据透视表的应用

根据素材中提供的数据源创建数据透视表，并插入切片器筛选所需的数据，最终效果如图5-33所示。

图 5-33　案例完成效果

（1）打开素材文件"产品销售统计表 .xlsx"工作簿，选择 A2:F20 单元格区域，依次执行"插入"→"表格"→"数据透视表"命令,在下拉列表中选择"数据透视表"选项，打开"创建数据透视表"对话框。

（2）在该对话框中确认要分析的数据区域和存放数据透视表的位置，这里保持默认设置，然后单击"确定"按钮。系统自动创建一个空白的数据透视表，并打开"数据透视表字段列表"任务窗格。

（3）在"数据透视表字段列表"任务窗格的"选择要添加到报表的字段"列表框中，勾选"销售地区""产品类别""销售金额"和"费用"字段，将其添加到数据透视表，并拖动到图 5-34 所示的位置。

图 5-34　数据透视表字段设置

（4）在"数据透视表字段列表"任务窗格的"数值"栏中单击"求和项：费用"字段，在打开的下拉列表中选择"值字段设置"选项，打开"值字段设置"对话框。

（5）在该对话框的"值汇总方式"选项卡的"计算类型"列表框中，选择"求和"选项和"销售金额"汇总方式一致，完成后单击"确定"按钮。

（6）依次执行"数据透视表工具设计"→"布局"→"报表布局"命令，在打开的列表中选择"以大纲形式显示"选项。

（7）在"数据透视表工具设计"→"数据透视表样式"列表框中单击下三角按钮，在打开的下拉列表框"中等深浅"栏中，选择"数据透视表样式中等深浅11"选项。

（8）依次执行"数据透视表工具选项"→"排序和筛选"→"插入切片器"命令，在打开的列表中选择"插入切片器"选项，打开"插入切片器"对话框。

（9）在"插入切片器"对话框中，勾选"销售员"字段对应的复选框，完成后单击"确定"按钮，即可在工作表中为选中的字段创建一个切片器，如图5-35所示。

图 5-35　新建切片器

（10）将光标移动到切片器的边框上，当光标样式变成四向箭头的形式后按住鼠标左键不放，拖动切片器到数据透视表的左上角后释放鼠标。

（11）在"切片器工具选项"→"按钮"组的"列"数值框中输入数据"4"，然后在"切片器工具选项"→"大小"组的"高度"和"宽度"数值框中分别输入"1.8厘米"和"8厘米"，完成后按"Enter"键，如图5-36所示。

图 5-36　切片器调整设置

（12）依次执行"切片器工具选项"→"切片器样式"→"快速样式"命令，在打开的列表框的"深色"栏中选择"切片器样式深色3"选项。

（13）在切片器上单击相应项目对应的按钮，比如单击"李本成"按钮，数据透视表中的数据将只显示与"李本成"项目相关的数据，如图5-37所示。

销售员			
郭春丽	李本成	李开	王五

销售地区	产品类别	求和项:销售金额	求和项:费用
⊟北京			
	笔记本	500	30
	铅笔	600	50
	橡皮	1400	40
⊟上海			
	铅笔	600	
总计		3100	120

图 5-37　切片器查看数据

> **小技巧**
>
> 　　当某个切片器不再使用时，用户可依次执行"数据透视表工具选项"→"排序和筛选"→"插入切片器"→"切片器连接"命令，在打开的"切片器连接"对话框中，取消勾选要断开与切片器连接的字段的复选框即可。

5.7　数据透视图

　　数据透视图是数据透视表的图形显示，能够更好、更形象地呈现数据透视表中的汇总数据，方便用户查看、对比，以及分析数据发展趋势。

5.7.1　数据透视图基础

　　数据透视图具有与图表相似的数据系列、分类、数据标记、坐标轴，另外还包含了与数据透视表所对应的特殊元素。数据透视图中的大多数操作与标准图表相同，但也存在以下几个方面的差别：

■　交互性。对于标准图表，针对用户要查看的每个数据视图创建一张图表，但它们不交互。而对于数据透视图，只要创建单张图表就可通过更改报表布局或以不同的方式显示明细数据，交互查看数据。

■　图表类型。标准图表的默认图表类型为簇状柱形图，其按分类比较值。数据透视图的默认图表类型为堆积柱形图，能比较各个值在整个分类总计中所占的比例。可以将数据透视图类型更改为除 XY 散点图、股价图、气泡图之外的其他任何图表类型。

■　图表位置。默认情况下，标准图表是嵌入在工作表中的，而数据透视图默认情况下是创建在图表工作表上的。数据透视图创建后，还可将其重新定位到工作表上。

■　源数据。标准图表可直接链接到工作表单元格中。数据透视图可以基于相关联的数据透视表中的几种不同数据类型。

■　图表元素。数据透视图除包含与标准图表相同的元素外，还包括字段和项，可以添加、旋转或删除字段和项来显示数据的不同视图。标准图表中的分类、系列和数据分别对应数据透视图中的分类字段、系列字段和值字段。数据透视图中还可包含报表筛选，而这些字段中都包含项，这些项在标准图表中显示为图例。

■　格式。刷新数据透视图时，会保留大多数格式（包括元素、布局和样式）。但是不保留趋势图、数据标签、误差线及对数据系列的其他更改。标准图表只要应用了这些格式，就不会将其丢失。

■　移动或调整项的大小。在数据透视图中，虽然可为图例选择一个预设位置并可更改标题的字体大小，但是无法移动或重新调整绘图区、图例、图表标题或坐标轴标题的大小。而在标准图表中，可移动和重新调整这些元素的大小。

5.7.2 创建数据透视图

数据透视图和数据透视表密切关联，是用图表的形式来表示数据透视表，使数据更加直观，透视图和透视表中的字段是相互对应的。如果需更改其中的某个数据，则另一个中的相应数据也会随之改变。与创建数据透视表类似，数据透视图的数据源可以是打开的数据透视表，也可以利用外部数据源进行创建。

1. 通过数据区域创建数据透视图

通过数据区域创建数据透视图与创建数据透视表的方法相似，用户可以在工作表的数据区域中选择任意一个单元格，依次执行"插入"→"表格"→"数据透视表"命令，在打开的下拉列表中选择"数据透视图"选项，从而打开"创建数据透视表及数据透视图"对话框。在该对话框中，设置数据透视表和数据透视图的数据源，以及存放位置，然后单击"确定"按钮，创建一个空白的数据透视表与数据透视图，并打开"数据透视表字段列表"任务窗格，如图 5-38 所示。

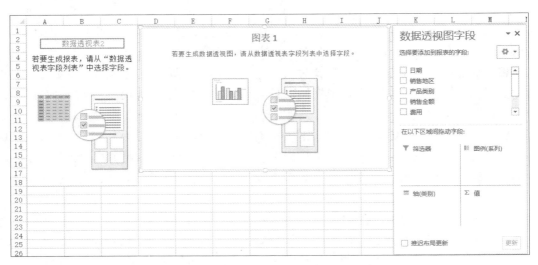

图 5-38　创建数据透视表与数据透视图

在"数据透视表字段列表"任务窗格中，根据需要编辑数据透视表，即可创建出带有数据的数据透视表和数据透视图。

2. 通过数据透视表创建数据透视图

在工作表中若已经创建了数据透视表，那么用户可以直接通过数据透视表创建数据透视图。首先，选择数据透视表中的任意一个单元格，依次执行"数据透视表工具选项"→"工具"→"数据透视图"命令，打开"插入图表"对话框。在该对话框中选择所需的数据透视图表类型，然后单击"确定"按钮，即可创建出所需的数据透视图，且激活数据透视图工具的"设计""布局""格式"和"分析"选项卡。

5.7.3 设置数据透视图

由于数据透视图不仅具有数据透视表的交互功能，还具有图表的图释功能。因此设置数据透视图与图表的方法基本相似，可在数据透视图工具的"设计""布局"和"格式"选项卡中，分别设置数据透视图效果、数据透视图布局和数据透视图格式。除此之外，数据透视图工具中多了一个"分析"选项卡，如图 5-39 所示。通过"分析"选项卡可以完成设置活动字段、编辑数据透视图数据等多种操作。

图 5-39　"分析"选项卡

- 设置活动字段：在数据透视图中选择坐标轴中的数据，通过执行"数据透视图工具"→"分析"→"活动字段"组中相应的命令，可以展开或折叠整个字段。
- 编辑数据透视图数据：通过执行"数据透视图工具"→"分析"→"数据"组中相应的命令，可以实现插入切片器、更新和消除数据透视图中的数据等操作。
- 显示 / 隐藏字段列表或字段：通过执行"数据透视图工具"→"分析"→"显示 / 隐藏"→"字段列表"命令，可以隐藏"数据透视表字段列表"任务窗格，单击"字段列表"按钮则显示出"数据透视表字段列表"任务窗格。单击"字段按钮"对应的下三角按钮，在打开的下拉列表中相应的选项默认呈选择状态，当再次选择所需的选项时，则撤销选择的选项，即隐藏相应的字段按钮。

5.7.4　数据透视图的应用

根据素材中提供的数据源，同时创建数据透视表和数据透视图来分析销售数据，最终效果如图 5-40 所示。

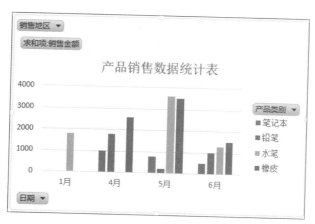

图 5-40　案例完成效果

（1）打开素材文件"产品销售统计表 .xlsx"工作簿，选择 A2:F20 单元格区域，依次执行"插入"→"表格"→"数据透视表"命令，在下拉列表中选择"数据透视图"选项，打开"创建数据透视表及数据透视图"对话框。

（2）在该对话框中，确认数据透视表和数据透视图的数据源和存放位置，这里保持默认设置，然后单击"确定"按钮，从而创建一个空白的数据透视表和数据透视图，并打开"数据透视表字段列表"任务窗格。

（3）在任务窗格中，单击"销售地区"字段，并按住鼠标左键不放，拖动到任务窗格下方的"报表筛选"区域中。使用同样的方法，完成其他相应字段的位置放置，如图 5-41 所示。

图 5-41   数据透视图字段设置

（4）在工作表中的数据透视图上方将显示"报表筛选"区域，此时显示的是"销售地区"，在其右侧单击下三角按钮，在打开的下拉列表中选择相应的选项（如选择"上海"），即可只查看所选的区域的数据，如图 5-42 所示。

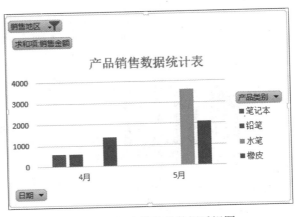

图 5-42   报表筛选的数据透视图

（5）单击数据透视图上方报表筛选"销售地区"对应的下三角按钮，在打开的下拉列表中选择"全部"选项，透视图重新显示全部"销售地区"的数据。

（6）依次执行"数据透视图工具"→"布局"→"标签"→"图表标题"命令，在打开的列表中选择"图表上方"选项。在显示的"图表标题"文本框中，选择文本"图表标题"，并输入文本"产品销售数据统计表"。

（7）依次执行"数据透视图工具"→"设计"→"位置"→"移动图表"命令，打开"移动图表"对话框。在该对话框中选择"新工作表"单选按钮，然后在其文本框中输入新工作表名称（如"数据透视图"），如图 5-43 所示。

图 5-43　"移动图表"对话框

（8）单击"确定"按钮，保存工作簿，完成操作。

第 6 章
数据保护

    数据保护是数据处理过程中必须注意的事项，包括数据的保密性和安全性等。在日常工作中，如何保护工作表，以及避免工作表中的关键数据、公式不被其他人查看、篡改或删除等，是数据保护研究的重点内容。本章主要介绍公式、工作表和工作簿的保护，以及相关的工作表窗口的冻结和拆分等内容。

※ 知识目标
- ■理解公式保护的作用和意义；
- ■理解工作表保护的作用和意义；
- ■理解窗口冻结和拆分的作用和含义；
- ■理解工作簿保护的作用和含义。

※ 能力目标
- ■掌握单元格公式保护的操作方法；
- ■掌握工作表保护和隐藏的操作方法；
- ■掌握窗口冻结和拆分的操作方法；
- ■掌握工作簿保护的操作方法。

6.1　工作表保护

数据对于企业来说，其重要性不言而喻。Excel 表格往往会存放一些重要的数据，对这些数据的保护就必不可少。Excel 提供了针对单元格公式、工作表和工作簿以及操作窗口的多种操作，进而达到保护数据安全的目的。

6.1.1　保护和隐藏工作表

为了防止他人非法查看和篡改数据，Excel 提供了工作表保护功能。用户可以通过为工作表设置密码来禁止非授权用户修改表格数据，该操作适合整个工作表的保护，保护后的工作表只允许查看，不允许编辑。除此之外，用户还可以对选定的工作表进行隐藏，从而防范非法用户查看。

用户可以通过依次执行"审阅"→"更改"→"保护工作表"命令，打开"保护工作表"对话框，在该对话框中设置保护的范围，进而限制非授权用户的使用权限，以及取消工作表保护时使用的密码，如图 6-1 所示。

图 6-1　"保护工作表"对话框

设置完成后，单击"确定"按钮，在打开的"确认密码"对话框中重复输入密码，单击"确定"按钮，完成工作表的保护设置。通过该操作，工作表中被限制的功能和命令会呈灰色不可用状态。当用户对限制编辑的单元格进行修改时，系统会出现要求先撤销工作表保护的提示，如图 6-2 所示。

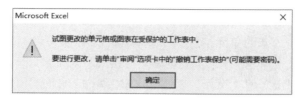

图 6-2　系统提示

针对设置过工作表保护的工作表，用户可以通过依次执行"审阅"→"更改"→"撤销工作表保护"命令，并输入相关密码来解除对工作表的保护。

上述操作方法，也可以通过右击工作表标签执行相应的命令来实现工作表的保护和撤销保护。

除了对工作表进行加密保护外，用户也可以对工作表进行隐藏操作，从而更改工作表的默认显示。用户只需要右击工作表标签，并选择快捷菜单中的"隐藏"命令，便可完成工作表的隐藏操作。当需要恢复隐藏的工作表的显示时，在任意一个工作表标签上右击，选择快捷菜单中的"取消隐藏"命令，并选择需要取消隐藏的工作表名称即可，如图 6-3 所示。

图 6-3　取消工作表的隐藏

隐藏、删除或移动选定的工作表前，工作簿内至少含有一张可视工作表，否则系统将不允许隐藏、删除或移动工作表。

> **小技巧**
>
> 　　用户在设置保护密码时，要适当地注意密码的复杂度，避免过于简单被非法用户破解。同时还要牢记密码，以免遗忘而无法取消工作表保护。提示，密码输入时注意字母大小写状态。

6.1.2　保护和隐藏公式

为了确保单元格中数据的安全性，默认情况下，Excel 设置了锁定单元格的功能，也可根据需要自行设置单元格的锁定状态，或隐藏单元格中的计算公式。当用户对表格的安全级别要求较高时，就可以对工作表中的公式进行隐藏，隐藏后编辑栏和单元格内都不再显示具体公式，仅显示公式计算的结果。

首先，选择要隐藏公式的单元格区域（或者整个工作表）。然后，执行右击快捷菜单中的"设置单元格格式"命令，打开"设置单元格格式"对话框，单击该对话框的"保护"选项卡，分别勾选"锁定"和"隐藏"复选框。最后单击"确定"按钮，如图 6-4 所示。

完成上述操作后，再依次执行"审阅"→"更改"→"保护工作表"命令（也可以右击工作表标签，执行"保护工作表"命令），选择相应的权限，并设置保护密码，从而完成单元格内公式的隐藏。即选择该单元格时，仅显示结果而不显示公式。

取消单元格公式隐藏时，首先撤销工作表保护，然后取消勾选"设置单元格格式"对话框的"保护"选项卡中的"锁定"和"隐藏"复选框，即可恢复到公式的默认显示状态。

图 6-4　单元格保护设置

小技巧

在"设置单元格格式"对话框的"保护"选项卡中，可以通过勾选"锁定"复选框设置单元格的锁定，或勾选"隐藏"复选框设置单元格的隐藏。为了使其设置生效，还必须完成工作表的保护功能设置。

6.1.3　窗口的冻结与拆分

在一个具有多个行和列的工作表中，想对比该工作表中相隔较多行（或列）的数据时，往往不便于观察和对比。Excel 中的窗口冻结和拆分功能有效地解决了这个问题。

1. 窗口冻结

如果工作表中的行（或列）具有标题，在浏览距离标题较远的数据时，时常会出现找不到单元格所对应的标题的状况。Excel 的冻结窗格命令，就是将工作表的首行、首列，或者拆分窗口进行冻结，当滚动浏览工作表窗口时，冻结的行列保持原位置不变，从而达到便于数据和标题，以及数据之间的对比。

在 Excel 中，冻结窗格主要有冻结首行、冻结首列和冻结拆分窗格 3 种形式。

■　冻结首行：将工作表中的第一行冻结，当垂直滚动浏览工作表时首行位置保持不动。

■　冻结首列：将工作表中的第一列冻结，当水平滚动工作表时首列位置保持不动。

■　冻结拆分窗格：将工作表按照活动单元格所在位置分成上、下、左、右 4 个部分，对左上方窗格进行冻结，滚动工作表其他部分时该区域保持行和列不动。

冻结首行和首列的操作方法相同。用户可以依次执行"视图"→"窗口"→"冻结窗口"→"冻结首行"（或者"冻结首列"）命令，此时在第一行下方（或第一列右侧）会出现一条横线，即完成了首行（或首列）的冻结。

要进行冻结拆分窗格操作时，用户首先要定位活动单元格，然后依次执行"视图"→"窗口"→"冻结窗口"→"冻结拆分窗格"命令。此时以活动单元格的左上角为水平和竖直分隔线的交叉点，将屏幕分隔为 4 个窗口，左上方窗口被冻结。

完成上述任意一种冻结操作后，"冻结拆分窗格"命令会变成"取消冻结窗格"命令，用户可以通过执行该命令，完成取消冻结操作，使工作表恢复到原始的默认状态。

2．窗口拆分

窗口冻结操作可以有效解决间隔较远的行列数据对比，尤其适用于多个数据行（或列）和指定固定的行（或列）的对比。窗口拆分功能的出发点与窗口冻结类似，但它增加了要参与对比的目标行（或列）的活动性，即相比冻结窗口后的冻结区域不能活动，窗口拆分的 4 个窗口都可以左右、上下活动，更为灵活。

用户首先将活动单元格定位，然后依次执行"视图"→"窗口"→"拆分"命令，Excel 就会以活动单元格的左上角为水平和竖直分隔线的交叉点，将屏幕分隔为 4 个窗口。如果对拆分的比例不满意，还可以通过鼠标拖动分隔线重新调整。当不需要窗口拆分时，用户可以通过双击分割线来取消拆分，Excel 支持水平和垂直分割线的单独删除。同时，用户也可以通过再次执行"拆分"命令来取消窗口拆分。

6.2　工作簿保护

除了上述对工作表的各种保护操作之外，Excel 还针对工作簿提供了隐藏和设置权限密码等保护操作，进一步提高了 Excel 的数据安全性。

6.2.1　隐藏工作簿

前面 6.1 节介绍了对工作表的隐藏操作，这里的工作簿隐藏与之类似，只是隐藏的对象变成了工作簿。

首先打开工作簿，然后依次执行"视图"→"窗口"→"隐藏"命令，就将该工作簿隐藏了。需要解释的是，这里的工作簿隐藏是将该工作簿里的全部工作表隐藏，而不是将工作簿文件本身隐藏。也就是说 Excel 文件本身还是显示在磁盘里，但该文件打开后看不到任何工作表。

执行过工作簿"隐藏"命令后，该工作簿不可见，此时菜单中"隐藏"按钮变成灰色不可用，而"取消隐藏"按钮被激活。用户可以单击"取消隐藏"按钮，并随之选择相应的工作簿名称就可以恢复工作簿的显示。

6.2.2　设置密码

为文件设置打开和修改密码是十分有效的数据保护措施。用户可以在打开的工作簿里依次执行"文件"→"另存为"命令，打开"另存为"对话框。在该对话框中，设置文件保存位置和文件名，然后选择"工具"按钮对应的下拉列表中的"常规选项"，打开"常规选项"对话框，如图 6-5 所示。

图 6-5　"常规选项"对话框

在该对话框中，依次输入"打开权限密码"和"修改权限密码"（打开和修改密码可以不一样，用户也可以只设置其中一项密码），然后单击"确定"按钮并在弹出的"确认密码"对话框里再次输入密码，就完成了工作簿的打开和修改密码设置。

设置打开工作簿的密码，在打开工作簿时会提示输入打开密码，只有输入正确的密码时才可以打开。对设置了修改密码的工作簿，在打开时如果不能提供修改密码，但可以提供打开密码，工作簿会以只读方式打开。只读方式打开的工作簿，只允许查看不允许修改。

6.2.3　保护工作簿

在 Excel 中，为了有效地防止工作簿的结构不被修改，用户可以通过设置工作簿的保护功能来实现。针对工作簿的保护主要有保护工作簿的结构和窗口，以及对工作簿加密。

设置保护工作簿结构和窗口时，用户可以在打开需要设置保护的工作簿后，依次执行"审阅"→"更改"→"保护工作簿"命令，打开"保护结构和窗口"对话框，如图 6-6 所示。

图 6-6　"保护结构和窗口"对话框

在该对话框中，根据需要勾选"结构"和"窗口"复选框。勾选"结构"复选框，表示该工作簿中的工作表不能完成新建、移动、删除、隐藏和重命名等操作，但允许用户对工作表中的数据进行编辑。勾选"窗口"复选框，表示每次打开的工作簿窗口都具有固定的位置和大小（该功能适用于 Excel 2010 之前的版本，不适合 Excel 2013 版）。勾选"结构"复选框和输入密码后，单击"确定"按钮，再次输入密码，完成工作簿的保护操作。

　　要撤销工作簿的保护时，用户依次执行"审阅"→"更改"→"保护工作簿"命令，在打开的"撤销工作簿保护"对话框中输入工作簿的保护密码，然后单击"确定"按钮即可。

　　除了保护工作簿结构和窗口外，加密工作簿也是常见的 Excel 数据保护措施。用户在当前工作簿中依次执行"文件"→"信息"→"保护工作簿"→"用密码进行加密"命令，打开"加密文档"对话框，如图 6-7 所示。

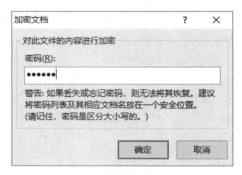

图 6-7　　"加密文档"对话框

　　在该对话框的"密码"文本框中输入保护密码，单击"确定"按钮并再次输入密码，即可完成工作簿的加密设置。以后再次打开该工作簿时，系统会弹出"密码"提示框，输入正确密码方可使用。

第7章

文件打印

为了使表格数据更具可读性，文件打印前应首先进行页面设置和打印预览，确认符合要求后再执行打印操作。作为文件输出的最后一道程序，文件打印有着至关重要的意义。本章主要介绍 Excel 文件页面设置中的页边距、纸张大小和方向、分页符，以及页眉页脚等内容。

※ 知识目标

- 理解工作表页边距、纸张大小和方向的作用；
- 理解打印预览的作用；
- 理解工作表页眉页脚的含义和作用；
- 理解工作表中分页符的含义和作用。

※ 能力目标

- 熟练掌握工作表页面设置中的页边距、纸张大小和方向等设置方法；
- 熟练掌握工作表打印预览的使用方法；
- 掌握工作表分页符的使用方法；
- 熟练掌握工作表页眉页脚的使用方法；
- 熟练掌握工作表打印的相关操作方法。

7.1 页面设置

一般情况下，Excel 文件是采用 A4 纸张和默认页面格式进行打印。用户也可以通过页面设置进行工作表打印的详细设置，如设置页边距、纸张方向、纸张大小和页眉 / 页脚等，进而规范工作表的打印效果。

用户可以通过执行"页面布局"→"页面设置"组中相应的命令来进行页面设置。也可以使用"页面设置"对话框各个选项卡进行设置，二者的作用相同。

7.1.1 "页面设置"组设置

Excel 的"页面布局"选项卡，包含关于工作表页面设置的全部操作命令。用户可以通过执行"页面布局"→"页面设置"组的相应命令来完成设置，常用的页面设置命令有以下几个：

- 页边距：单击"页边距"按钮，在打开的下拉列表中包含"普通""宽"和"窄"3种页边距。如果还不能满足要求，用户可以使用"自定义页边距"选项自行设定页边距数据。
- 纸张方向：单击"纸张方向"按钮，在打开的下拉列表中包含"纵向"和"横向"2个选项，用户可以选择使用。
- 纸张大小：单击"纸张大小"按钮，在打开的下拉列表中可选择已定义的纸张大小，也可以选择"其他纸张大小"命令，在打开的"页面设置"对话框的"页面"选项卡中自定义纸张大小。
- 打印区域：当对工作表中数据有选择地打印时，用户可以先选择要打印的数据区域，然后执行"打印区域"命令，在打开的下拉列表中选择"设置打印区域"选项，进而将所选的单元格区域设置为打印区域。打印区域设置完成后以虚线显示。用户还可以通过执行"取消打印区域"命令，取消打印区域设置。
- 分隔符：当要打印的工作表记录较多时，Excel 会自动将工作表进行分页打印。当用户需要在某个位置强制分页时，可以插入分页符来完成。首先将活动单元格定位到要分页的位置，然后依次执行"分隔符"→"插入分页符"命令即可。此时工作表中出现分页符（黑色实线），工作表被分成了 4 部分。当不需要分页符时，可以重新选择分页符位置的单元格，然后依次执行"分隔符"→"删除分页符"命令（或者"重置所有分隔符"命令）以将其删除。
- 打印标题：单击"打印标题"按钮，系统会打开"页面设置"对话框的"工作表"选项卡，如图 7-1 所示。用户可以通过设置"打印区域"和"打印标题"为指定单元格区域来完成打印标题的设置。

7.1.2 "页面设置"对话框设置

除了上述的页面设置方法外，用户还可以通过单击"页面布局"→"页面设置"组右下角的"对话框启动器"按钮打开"页面设置"对话框。该对话框中包含"页面""页边距""页眉 / 页脚"和"工作表"4 个选项卡，如图 7-2 所示。

图 7-1　设置打印标题

图 7-2　"页面"选项卡

1．"页面"选项卡

"页面"选项卡中包含纸张"方向""缩放""纸张大小""打印质量"和"起始页码"等项目。其中，纸张"方向"和"纸张大小"前面已有介绍，这里不再重复。

"缩放"是指工作表放大或缩小打印，其"缩放比例"是指定放大或缩小工作表的打印比例，用户也可以通过指定打印页宽和页高来进行设定。

"打印质量"是指 Excel 文件打印时对打印机分辨率的设定，分辨率越高打印出来的品质越好。

"起始页码"是按照指定起始页进行打印，该起始页范围以外的页面不再打印。默认"自动"时，Excel 会根据打印内容及所用纸张大小自动分页，页码由"1"开始。

2．"页边距"选项卡

"页边距"选项卡中主要包括页面上、下、左、右边距和页眉页脚的设置，以及"居中方式"等项目，如图 7-3 所示。用户只需要在对应的文本框中输入相应的数字，或选择居中对齐的方式即可。

3．"页眉 / 页脚"选项卡

页眉是出现在每一页纸张上方的内容，而页脚则是出现在纸张底部的内容。"页眉 /页脚"选项卡主要包含了页眉页脚内容的设置，以及与之相关的类如页眉页脚"首页不同""奇偶页不同"等设置，"页眉 / 页脚"选项卡如图 7-4 所示。

用户除了可以使用系统自带的页眉页脚效果外，也可以通过单击"自定义页眉"和"自定义页脚"按钮来进行自定义设置。如单击"自定义页眉"按钮，打开"页眉"对话框，如图 7-5 所示。

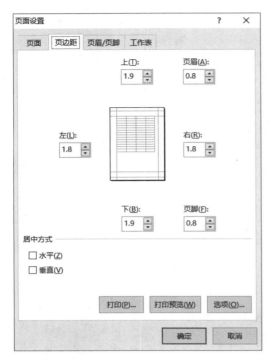

图 7-3 "页边距"选项卡

图 7-4 "页眉 / 页脚"选项卡

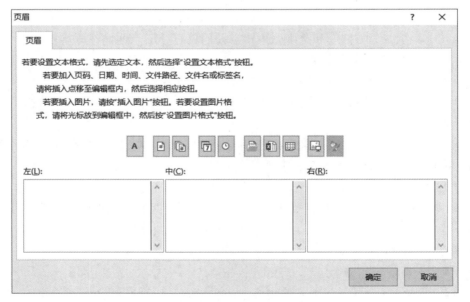

图 7-5 "页眉"对话框

　　用户可以分别在左、中、右对应的文本框中输入内容，完成后单击"确定"按钮即可。页脚的设置方法与之相同，这里不再赘述。

　　4. "工作表"选项卡

　　实际工作中，当工作表内容较多需要多张打印时，默认的打印方式是第一张显示标题内容，后面多张不显示。这样容易造成后面的记录数据无法对应表格标题的问题。"工作表"选项卡中的"打印标题"设置可以有效地解决该问题。"工作表"选项卡如图 7-6 所示。

图 7-6　"工作表"选项卡

用户可以通过该选项卡，设置"打印区域"和"打印标题"等内容。设置"打印区域"后，只对打印区域内的数据进行打印，而其外部的数据不再打印。设置"打印标题"后，表格标题则会出现在每一页的打印文件上。同时，在该选项卡中，用户还可以设置打印顺序（先列后行，或者先行后列），以及打印时是否显示网格线、行列号等信息。

7.2　打印预览与打印

打印文件之前，一般都要通过打印预览来查看文件打印效果。这时就需要用到打印预览功能，通过打印预览在屏幕上查看打印的效果，以便在打印前进行检查和修改。经过确认无误后再进行文件打印。

用户可以通过依次执行"文件"→"打印"命令，或者使用组合键 Ctrl+P 来打开"打印和打印预览"窗口，如图 7-7 所示。

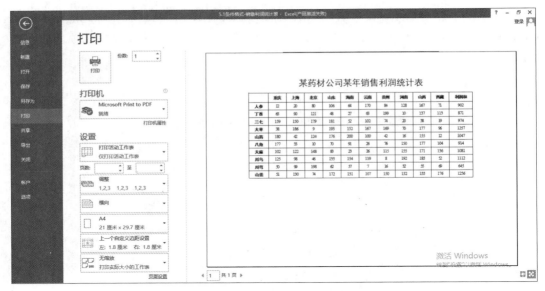

图 7-7 　"打印和打印预览"窗口

　　在该窗口中，用户除了可以设置页面设置中部分内容外，还可以设置如"打印机属性"、打印"份数"、打印"页数"和打印缩放等内容。完成相应设置后，单击"打印"按钮，连接打印机开始打印。

第 8 章

综合案例

经过前面章节基础知识、函数、数据统计与分析等内容的学习和积累，大家已经掌握了 Excel 相关技能。本章将针对以往知识在实际应用的基础上进行实战操作。本章内容主要侧重于 Excel 在实际工作中的应用，突出使用 Excel 解决实际问题的案例操作，强调操作过程介绍，最终实现知识和实践的有机结合，从而解决实际应用问题。

※ 知识目标

■深入理解数据约束的含义；

■深入理解公式和各类函数的作用和意义；

■深入理解定义名称、函数嵌套、数据填充和编辑的含义；

■深入理解数据排序、筛选、分类汇总的含义；

■深入理解数据保护和文件打印的相关知识。

※ 能力目标

■熟练掌握数据录入、编辑等数据处理基础操作方法和技巧；

■熟练掌握公式、函数的使用方法和技巧；

■熟练掌握数据排序、筛选、分类汇总等操作方法和技巧；

■熟练掌握数据保护、文件打印等操作方法和技巧。

8.1 会员信息管理案例

会员制度几乎是所有企业所通用的经营技巧。通过对会员数据的有效分析，可以提高企业运营和管理水平，提升服务层次，改善会员消费体验，增加会员与企业之间的黏合度，是企业健康持续发展的有效手段。使用 Excel 对会员信息进行管理，不但可以提高数据录入效率、减轻数据管理成本，还可以通过数据规范性预警和约束降低数据误操作率。

8.1.1 案例描述

打开教材配套案例素材"会员信息表 .xlsx"，如图 8-1 所示，并按照以下要求完成相应操作，最终效果如图 8-2 所示。具体操作要求如下：

	A	B	C	D	E	F	G	H
1	编号	姓名	性别	出生日期	手机号	身份证号码	会员级别	余额
2		李强			1.52E+10	410122198602119082		23.5
3		郭纾言			1.39E+10	410122198003036930		61
4		王豪			1.35E+10	410122198003031960		190
5		王鑫			1.38E+10	410122197003032960		32
6		沙振威			1.37E+10	410172198223036930		263.5
7		郭家汉			1.36E+10	410128198003336930		263.5
8		郭纾言			1.39E+10	410122198003036930		61
9		闵超			1.87E+10	410129198803036930		300
10		王志			1.33E+10	490122178003036630		300
11		王鑫			1.38E+10	410122197003032960		32

图 8-1 "会员信息表 .xlsx"素材

	A	B	C	D	E	F	G	H
1	编号	姓名	性别	出生日期	手机号	身份证号码	会员级别	余额
2	1-01	李强	女	1986-02-11	152-3864-2437	410122198602119082	金牌会员	¥23.5
3	1-02	郭纾言	男	1980-03-03	139-3710-0020	410122198003036930	金牌会员	¥61.0
4	1-03	王豪	女	1980-03-03	135-2352-7488	410122198003031960	钻石会员	¥190.0
5	1-04	王鑫	女	1970-03-03	138-0016-6921	410122197003032960	普通会员	¥32.0
6	1-05	沙振威	男	1982-23-03	136-8780-7788	410172198223036930	普通会员	¥263.5
7	1-06	郭家汉	男	1980-03-33	135-9408-3381	410128198003336930	普通会员	¥263.5
8	1-07	白宗祥	男	1980-05-10	150-3306-6468	410122198005109693	普通会员	¥190.0

图 8-2 "会员信息表 .xlsx"结果

- 删除素材表格中的重复记录行；
- 将素材表格"姓名"列中的"章"全部修改为"张"；
- 输入会员"编号"，格式为"0-00"（如"1-01"）；
- 输入会员"性别"，其中编号为 1-01、1-03、1-04、1-10 的会员为"女"，其余会员为"男"；
- 根据"身份证号码"计算出会员的"出生日期"，显示格式为"0000-00-00"；
- 设置会员"手机号"显示格式为"000-0000-0000"；
- 设置"会员级别"列为下拉选项录入，并指定录入内容必须是"普通会员""铜牌会员""银牌会员""金牌会员"和"钻石会员"，否则提示输入错误；

■　设置会员"余额"显示格式为货币，数字前显示"¥"符号，并保留 1 位小数；

■　设置会员"余额"数字小于 100 时，用红色显示；

■　为表格套用一种表格格式，并将其转化为普通区域；

■　设置表格全部行高为 22，且数据居中显示，单元格有黑色边框线效果。

8.1.2　案例实操

打开素材文件，并按以下操作步骤进行操作：

（1）选择工作表 Sheet1 的单元格区域 A1:H15，依次执行"数据"→"数据工具"→"删除重复项"命令，打开"删除重复项"对话框，勾选"数据包含标题"复选框，并"全选"数据列，单击"确定"按钮。在随即弹出的提示框中，单击"确定"按钮完成删除重复项的操作。

（2）选择单元格区域 A2:A11，按组合键 Ctrl+1 打开"设置单元格格式"对话框，选择"自定义"分类，并在"类型"框内输入"0-00"，然后单击"确定"按钮。

（3）分别在单元格 A2 和 A3 中输入 101 和 102，然后选择 A2:A3 单元格，拖拉填充柄至单元格 A11，完成会员编号录入。

（4）首先选择编号为 1-01 记录对应的性别单元格，然后按 Ctrl 键，再依次选择编号 1-03、1-04、1-10 所对应的"性别"单元格，进而输入"女"，并按组合键 Ctrl+Enter，完成性别"女"的录入。

（5）选择单元格区域 C2:C11，依次执行"开始"→"编辑"→"查找和选择"→"定位条件"命令，打开"定位条件"对话框，选择"空值"选项，并单击"确定"按钮。然后输入"男"，并按组合键 Ctrl+Enter，完成性别"男"的录入。

（6）在单元格 D2 中录入公式"=Text(Mid(F2,7,8),"0000-00-00")"，需要提醒的是此处的标点符号必须为英文半角字符，公式录入后按 Enter 键确认。然后双击 D2 单元格的填充柄，完成会员"出生日期"的录入。这里使用了 Mid 函数对文本型数据进行指定位置的截取，以及 Text 函数显示指定格式。

（7）选择单元格区域 E2:E11，按组合键 Ctrl+1 打开"设置单元格格式"对话框。选择"自定义"分类，并在"类型"框内输入"000-0000-0000"，然后单击"确定"按钮完成"手机号"格式的设置。

（8）在当前工作簿中，新建一个工作表 Sheet2，并在工作表 Sheet2 的单元格区域 A1:A5 内依次输入"普通会员""铜牌会员""银牌会员""金牌会员"和"钻石会员"。然后选择单元格区域 A1:A5，依次执行"公式"→"定义的名称"→"定义名称"命令，打开"新建名称"对话框。在该对话框内输入"名称""范围"和"引用位置"信息，如图 8-3 所示。单击"确定"按钮，完成名称"jibie"的定义。

（9）选择工作表 Sheet1 单元格区域 G2:G11，依次执行"数据"→"数据工具"→"数据验证"（或"数据有效性"）命令，打开"数据验证"对话框。在该对话框的"设置"选项卡的"验证条件"中，选择"允许"下拉列表中的"序列"，并在"来源"中输入"=jibie"，如图 8-4 所示。然后选择完成"输入信息"和"出错警告"选项卡中的相关设置。

图 8-3 "新建名称"对话框

（10）选择单元格区域 H2:H11，按组合键 Ctrl+1 打开"设置单元格格式"对话框，选择"货币"分类，分别设置"小数位数"为"1"，"货币符号"为"¥"，单击"确定"按钮完成"余额"格式的设置。

图 8-4 "数据验证"对话框

（11）选择单元格区域 H2:H11，依次执行"开始"→"样式"→"条件格式"→"突出显示单元格规则"→"小于"命令，打开"小于"对话框。输入数值"100"，并设置为"红色文本"，然后单击"确定"按钮，完成条件格式的设置。

（12）选择单元格区域 A1:H11，执行"开始"→"样式"→"套用表格格式"下拉列表中的某种样式命令，打开"套用表格式"对话框。设置"表数据的来源"，并勾选"表包含标题"复选框，如图 8-5 所示。然后单击"确定"按钮，完成表格套用格式的操作。

（13）将光标定位到单元格区域 A1:H11 任一单元格内，然后依次执行"设计"→"工具"→"转换为区域"命令，在弹出的系统提示窗口中单击"是"按钮，完成其到普通区域的转换。

（14）选择单元格区域 A1:H11，设置表格内容的对齐方式和表格边框效果。然后通过单击窗口左上方全选按钮，选择整个表格。在任意一行上右击执行快捷菜单中的"行高"命令，在弹出的"行高"对话框中输入"22"，然后单击"确定"按钮。

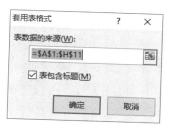

图 8-5　"套用表格式"对话框

（15）双击任意两列之间的分割线，调整列宽到适当位置，并保存文件，完成全部操作。

8.1.3　案例总结

　　该案例主要用到了单元格格式设置、数据填充、替换、定位条件、定义名称、条件格式和数据约束等相关知识。其中，单元格格式设置用于实现数据和单元格的外观设计，填充柄的使用有利于提高数据录入效率，定位条件和替换功能可用于数据编辑，定义名称有助于单元格的绝对引用，条件格式可以实现数据预警提示，数据约束则是规范数据录入的有效手段。

8.2　考试成绩统计案例

　　考试成绩统计与分析，是每一位教师所要面对的重要事件，它关系到学生今后的学习和培养。传统的成绩统计方法在工作效率、数据正确性、数据分析等方面都存在诸多不足，如统计效率低、容易产生错误数据、数据分析难度大等。使用 Excel 处理考试成绩，可以有效降低错误数据产生概率和数据分析难度，从而提高工作效率，保证数据质量。

8.2.1　案例描述

　　打开教材配套案例素材"考试成绩统计表 .xlsx"，如图 8-6 所示，并按照以下要求完成相应操作，最终效果如图 8-7 所示。具体操作要求如下：

学号	姓名	民族	高数	英语	专业课	计算机	政治	体育	合计	平均分	总评成绩	名次
17090102010	姚猛	汉	93	71	76	63	76	95				
17090102011	杨宇超	汉	77	85	78	76	77	98				
17090102012	黄志祥	汉	61	72	83	75	78	69				
17090102013	李强	汉	69	84	76	88		70				
17090102014	郭纾言	汉	83	79	82	90	93	58				
17090102015	王豪	汉	77	90	69	67	78	88				
17090102016	王鑫	汉	91	68		77	96	81				
17090102017	沙振威	汉	73	67	65	82	56	64				
17090102018	郭家汉	汉			72	68	72	64				
17090102019	白宗祥	汉	93	62	87	77	95	57				
17090102020	闵超	汉	83	56	58	75		68				
17090102021	王志	回	70	90	62	95	74	77				
17090102022	白冰	汉	76	68	70	81	90	74				
17090102023	郭寅虎	汉	87	61	73	75	56	66				
17090102024	陈灏	汉	97	89	67	56	96	67				
17090102025	董世彦	汉	89	55	57	83	80	85				
17090102026	宋明治	汉	87	77	94	94	56	77				
17090102027	毕子衡	汉	58	64	55	74		71				
17090102028	邢江豪	汉	80	83	92	56	84	61				

图 8-6　"考试成绩统计 .xlsx"素材

学号	姓名	民族	高数	英语	专业课	计算机	政治	体育	总评成绩	对比	名次
17090102010	姚猛	汉	93	71	76	63	76	95	474	37	9
17090102011	杨宇超	汉	77	85	78	76	77	98	491	54	5
17090102012	黄志祥	汉	61	72	83	75	78	69	438	1	22
17090102013	李强	汉	69	84	76	88	0	70	387	−50	32
17090102014	郭舒言	汉	83	79	82	90	93	58	485	48	6
17090102015	王豪	汉	77	90	69	67	78	88	469	32	12
17090102016	王鑫	汉	91	68	0	77	96	81	413	−24	25
17090102017	沙振威	汉	73	67	65	82	56	64	407	−30	27
17090102018	郭家汉	汉	0	0	72	68	72	64	276	−161	36
17090102019	白宗祥	汉	93	62	87	77	95	57	471	34	11
17090102020	闵超	汉	83	56	58	75	57	68	397	−40	30
17090102021	王志	回	70	90	62	95	74	77	478	41	8

图 8-7 "考试成绩统计 .xlsx"处理结果

- 为考试成绩中缺考成绩（空值单元格）赋"0"值；
- 分别计算"合计""平均分""总评成绩"和"名次"。其中，"合计"为各科成绩的和，"总评成绩"中少数民族的学生为"合计"加 10 分，其他为"合计"分，"名次"按"总评成绩"由高到低排名；
- 在"总评成绩"和"名次"中间添加"对比"列，该列数据为"总评成绩"减去全部学生"总评成绩"的平均值；
- 将"合计"和"平均分"列的数据隐藏；
- 为表格套用一种表格格式，并适当调整行高和列宽，以及设置表格边框线；
- 当"对比"列中的数据小于零时，显示为蓝色倾斜效果；
- 设置纸张方向为横向，且要求标题行出现在打印的每一页上。

8.2.2 案例实操

打开素材文件，并按以下操作步骤进行操作：

（1）选择工作表 Sheet1 的单元格区域 D2:I37，按组合键 Ctrl+G 打开"定位"对话框，单击"定位条件"按钮，打开"定位条件"对话框，选择"空值"选项，然后单击"确定"按钮。此时，工作表中的空值单元格被选中，然后录入数字 0，按组合键 Ctrl+Enter，完成缺考学生的成绩录入。

（2）在单元格 J2 中录入公式"=Sum(D2:I2)"，按 Enter 键确认，然后双击该单元格的填充柄，完成单元格区域 J2:J37 的公式录入。

（3）在单元格 K2 中录入公式"=Average(D2:I2)"，按 Enter 键确认，然后双击该单元格的填充柄，完成单元格区域 K2:K37 的公式录入。

（4）在单元格 L2 中录入公式"=If(C2=" 汉 ",J2,J2+10)"，按 Enter 键确认，然后双击该单元格的填充柄，完成单元格区域 L2:L37 的公式录入。这里使用了 If 函数，根据单元格 C2 的值是否为"汉"来判断显示不同的结果。

（5）在单元格 M2 中录入公式"=Rank(L2,$L$2:$L$37)"，按 Enter 键确认，然后双击该单元格的填充柄，完成单元格区域 M2:M37 的公式录入。这里使用了 Rand 函数，通过在指定区域比较大小来显示排名。

（6）在单元格 N2 中录入公式"=Average(L2:L37)"，按 Enter 键确认，计算出班级全部"总评成绩"的平均值。

（7）选中单元格 N2，依次执行"公式"→"定义的名称"→"定义名称"命令，打开"新建名称"对话框，在"名称"文本框里输入"pjf"，完成为单元格 N2 定义名称的操作。

（8）右击 M 列的列头，执行快捷菜单中的"插入"命令，在"名次"列前插入一个空白列，并在单元格 M1 输入"对比"。然后，在单元格 M2 录入公式"=L2-pjf"，按 Enter 键确认，并双击该单元格的填充柄，完成单元格区域 M2:M37 的公式录入。这里使用了名称来代替单元格绝对引用，进而简化了公式录入。

（9）选中 J 列和 K 列，执行右击快捷菜单中的"隐藏"命令，将 J 列和 K 列隐藏。

（10）选择单元格区域 A1:N37，执行"开始"→"样式"→"套用表格格式"下拉选项中的某种样式命令，打开"套用表格式"对话框。勾选"表包含标题"复选框，然后单击"确定"按钮，完成表格套用格式的操作。

（11）将光标定位到单元格区域 A1:N37 任一单元格内，依次执行"设计"→"工具"→"转换为区域"命令，在弹出的系统提示窗口中单击"是"按钮，将该区域转化为普通区域。

（12）选择单元格区域 A1:N37，设置表格内容的对齐方式和表格边框效果。并利用拖动行列分割线的方法，适当调整行高和列宽。

（13）选择单元格区域 M2:M37，依次执行"开始"→"样式"→"条件格式"→"突出显示单元格规则"→"小于"命令，打开"小于"对话框。输入"0"，并设置为"自定义格式"，设置字体格式为"蓝色""加粗倾斜"，单击"确定"按钮，完成条件格式的设置。

（14）选择单元格区域 A1:N37，依次执行"页面布局"→"页面设置"→"纸张方向"→"横向"命令，完成打印纸张的方向设置。然后再依次执行"页面设置"→"打印标题"命令，打开"页面设置"对话框的"工作表"选项卡，分别设置"打印区域"为"A1:N37"，"顶端标题行"为"$1:$1"（表示第一行），如图 8-8 所示。然后单击"确定"按钮，完成页面设置。

图 8-8 打印标题设置

（15）最后，依次执行“文件”→“打印”命令，完成文件打印。

8.2.3 案例总结

该案例主要用到了单元格格式设置、定位条件、定义名称、条件格式、隐藏行列和页面设置等相关知识。其中，单元格格式设置、定位条件、定义名称、条件格式前面已有相关介绍，这里不再过多解释。隐藏行列操作可以简化工作表视图，而又不影响对隐藏行列的引用。页面设置是文件打印前的一项重要设置，通过它可以设置纸张的方向、页眉页脚和打印标题等内容，是文件输出的重要操作。

8.3 员工信息管理案例

人才建设是企业发展的主要保障，如何合理管理人才，有效防止人才流失，是企业管理的重要课题。传统的升职、加薪和精神鼓励等策略，逐渐被广大职场人士所熟知，且慢慢失去吸引力。而相对的企业价值观教育、员工人文关怀、社会责任感引导等却大放异彩，成为人才建设新的有力支撑，为企业人才建设起到了很好的保驾护航的作用。使用 Excel 进行员工信息管理，可以减少数据的重复性采集，高效地完成薪资计算，并可以为用户提供相关智能提醒，降低员工管理成本，提高人才管理水平。

8.3.1 案例描述

打开教材配套案例素材“员工信息表 .xlsx”，如图 8-9 所示，并按照以下要求完成相应操作。具体操作要求如下：

	A	B	C	D	E	F	G	H	I	J	K	L	M	N
1	编号	姓名	性别	出生日期	部门	身份证号码	入职日期	基本工资	岗位工资	工龄工资	其它工资	合计	生日	生日提醒
2	5-01	张军			办公室	410122198003031960	2003-2-26	2260	650		120.00			
3	5-02	赵梦月			办公室	410122198003036930	2006-2-25	2260	650		120.00			
4	5-03	李鑫			生产部	490122198205036630	2016-2-27	2220	560		360.00			
5	5-05	桑文帅			销售部	410122198005109693	2003-5-5	2260	1200		400.00			
6	5-06	魏梓硕			生产部	410211199804108125	2008-2-21	2260	560		360.00			
7	5-07	李杰			销售部	490122197803036630	2001-2-25	2260	1200		400.00			
8	5-08	辛伟森			办公室	410122198602119082	2009-2-5	2260	650		120.00			
9	5-09	王益群			财务部	410122198003031960	2008-2-25	2220	900		100.00			
10	5-10	武凯智			财务部	410172198202303693	2009-10-27	2220	900		100.00			
11	5-11	师鹏臻			生产部	410122198005109693	2003-5-5	2260	560		360.00			
12	5-12	韩林松			生产部	410129198804036930	2011-2-26	2220	560		360.00			

图 8-9 “员工信息表”素材

- 在单元格区域 C2:C15 内，根据员工“身份证号码”中的倒数第 2 位数字计算出“性别”（奇数为“男”，偶数为“女”）；
- 在单元格区域 D2:D15 内，根据员工“身份证号码”中的第 7 ～ 14 位数字计算出“出生日期”；
- 在单元格区域 J2:J15 内，根据员工“入职日期”计算“工龄工资”（工龄每满 1 年增加 50 元）；
- 在单元格区域 L2:L15 内，计算出员工的“合计”工资，“合计”工资等于前面 4 项工资的和；
- 在单元格区域 M2:M15 内，计算出员工今年生日的具体日期；
- 在单元格区域 N2:N15 内，计算出今年未过生日员工的“生日提醒”，已过生日的显示空值，未过生日的显示"距离生日还有 ** 天"；

- 将表格中符合入职超过 5 年，而"合计"工资低于 3500 的员工信息显示到新的工作表中；
- 将表格数据按照"部门"升序排序，若"部门"相同的则按"编号"升序排序；
- 按照"部门"对表格数据进行分类汇总，统计出各部门的平均工资（"合计"列的平均值）；
- 在分类汇总的基础上，制作"部门"和"平均工资"的对应图表；
- 为表格套用表格格式，并转化为普通区域。

8.3.2 案例实操

打开素材文件，并按以下操作步骤进行操作：

（1）在单元格 C2 里录入公式 "=If(Mod(Mid(F2,17,1),2)," 男 "," 女 ")"，并双击该单元格的填充柄，完成单元格区域 C2:C15 的性别录入。这里使用了 Mid 函数分别对身份证号码中倒数第 2 位进行截取，Mod 函数对数值型数据求 2 的余数，从而判断其奇偶性。结合 If 函数判断性别男女，考虑到余数为 1 时可以视为 True，故简化了 If 函数条件。

（2）在单元格 D2 里录入公式 "=Date(Mid(F2,7,4),Mid(F2,11,2),Mid(F2,13,2))"，并双击该单元格的填充柄，完成单元格区域 D2:D15 的出生日期录入。公式中使用了 Mid 函数获取年、月、日，然后使用 Date 函数对数值型的年、月、日进行运算，获取日期型的出生日期。

（3）在"工龄工资"列前插入一列,命名为"工龄"。在单元格 J2 里录入公式 "=Datedif(G2,Today(),"Y")"，并双击该单元格的填充柄，完成单元格区域 J2:J15 的工龄工资录入。这里使用了 Datedif 函数，计算 2 个日期型数据的时间间隔（单位为"年"），并由此计算出工龄工资。

（4）在单元格 K2 里录入公式 =J2*50，并双击该单元格的填充柄，完成单元格区域 K2:K15 的工龄工资录入。

（5）选中单元格 M2，依次执行"开始"→"编辑"→"自动求和"命令。首先选择单元格区域 H2:I2，然后按 Ctrl 键，再选择单元格区域 K2:L2，此时公式为 "=Sum(H2:I2,K2:L2)"。然后双击该单元格的填充柄，完成单元格区域 M2:M15 的合计工资录入。

（6）在单元格 N2 里录入公式 "=Date(Year(Today()),Mid(F2,11,2),Mid(F2,13,2))"，并双击该单元格的填充柄，完成单元格区域 N2:N15 的今年生日的录入。这里使用了 Year 函数结合 Today 函数，获取到了今天日期的年份数字。

（7）在单元格 O2 里录入公式 "=If(Today()<N2," 距离生日还有 "&Datedif(Today(),N2,"d")&" 天 ","")"，并双击该单元格的填充柄，完成 O2:O15 单元格的生日提醒录入。这里考虑到了 Datedif 函数格式要求第 1 个日期参数小，第 2 个日期参数大的情况，所以结合 If 函数进行判断。然后使用字符串连接运算，将多个字符拼接，并在拼接完成后显示。

（8）新建工作表 Sheet2，并在该工作表的单元格 A1 和 B1 中分别录入"工龄"和"合计"，再分别在单元格 A2 和 B2 中录入">5"和"<3500"（此处的标点符号必须为英

文半角字符）。然后依次执行"数据"→"排序和筛选"→"高级"命令，打开"高级筛选"对话框。分别设置"列表区域"为"1!$A$1:$O$15"，"条件区域"为"Sheet2!$A$1:$B$2"，并选择"将筛选结果复制到其他位置"单选按钮，设置"复制到"为"Sheet2!$A$4"，如图 8-10 所示。然后单击"确定"按钮，完成符合条件的记录筛选。

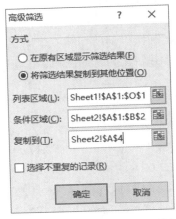

图 8-10   "高级筛选"对话框

（9）切换到工作表 Sheet1 中，依次执行"数据"→"排序和筛选"→"排序"命令，打开"排序"对话框。先将"主要关键字""排序依据"和"次序"，依次设置为"部门""数值"和"升序"。然后，单击对话框中的"添加条件"按钮，添加一个"次要关键字"，并依次设置"次要关键字""排序依据"和"次序"为"编号""数值"和"升序"，如图 8-11 所示。然后单击"确定"按钮，关闭排序窗口。

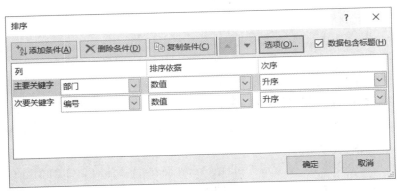

图 8-11   排序"对话框

（10）将光标定位到表格区域内任一单元格内，依次执行"数据"→"分级显示"→"分类汇总"命令，打开"分类汇总"对话框。依次设置"分类字段"为"部门"，"汇总方式"为"平均值"，"选定汇总项"为"合计"，如图 8-12 所示。然后单击"确定"按钮，完成分类汇总操作。

图 8-12　"分类汇总"对话框

（11）单击分类汇总结果左上方的分级按钮"2"，然后选择各部门分类汇总后的部门和合计数据，依次执行"插入"→"图表"→"插入柱形图表"命令，在下拉列表中选择任一选项以完成图表制作，效果如图 8-13 所示。

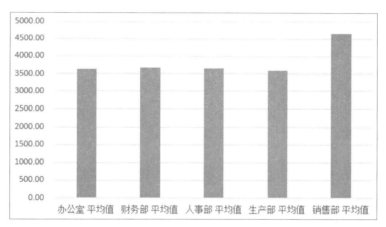

图 8-13　插入图表效果图

（12）最后选中整个表格区域，执行"开始"→"样式"→"套用表格格式"下拉选项中的某种样式命令，打开"套用表格式"对话框。勾选"表包含标题"复选框，单击"确定"按钮，完成表格套用格式的操作。

（13）将光标定位到单元格区域 A1:N37 任一单元格内，然后依次执行"设计"→"工具"→"转换为区域"命令，在弹出的系统提示窗口中单击"是"按钮，将该区域转化为普通区域，完成全部操作。

8.3.3　案例总结

该案例主要用到了文本函数、日期函数和逻辑函数等多种函数，以及数据排序、高级筛选和分类汇总等数据分析相关知识。其中，关于函数使用方面前面已有介绍，该案例中的函数使用与以往函数使用的不同之处在于函数嵌套。如果用户对函数嵌套理解和使用有困难，也可以采用添加辅助列的方式来完成。同时，案例中使用了数据复合排序（即排序依据有 2 列或 2 列以上），复合排序必须通过"排序"对话框来完成，而针对单列的排序，则可以通过直接将光标定位到排序列的任一单元格内，执行"开始"→"编辑"→"排序和筛选"下拉列表中"升序"或"降序"命令，或者执行"数据"→"排序和筛选"→"升序"或"降序"命令来完成。数据高级筛选在使用中必须建立相应的筛选条件，这一步是成功完成高级筛选的关键。分类汇总和图表是对数据进行分类统计和数据对比的有效手段，能够清晰明了地表现数据之间的差异，有助于数据分析。

8.4　体育测试统计案例

随着生活节奏的不断加快，来自于生活、工作，以及心理方面的压力不断增大，人们的身体健康水平不同程度地出现了下滑，很多人长期处在亚健康状态，严重影响了工作和生活。增强体育锻炼，提高居民身体素质成为当今社会关注的热点。除了学校进行体育测试外，很多企事业单位也展开了丰富多彩的体育赛事，吸引了广大民众的积极参与。利用 Excel 对体育比赛结果进行统计分析，能够给每一位参与者提供高效和公平的评价，并为用户提供具有参考性的建议，帮助用户改善体育锻炼的效果，达到提高身体素质的目的。

8.4.1　案例描述

打开教材配套案例素材"体育测试统计表 .xlsx"，如图 8-14 所示，并按照以下要求完成相应操作。

	A	B	C	D	E	F	G	H
1	编号	姓名	性别	民族代码	民族	身份证号	跳远距离	成绩
2		马草冉		1		410112199508029332	3	
3		王雨		1		410112199812189944	3	
4		杨梦丽		2		410112199001199518	2.07	
5		程广琳		1		410112199512189045	2.12	
6		朱莉莉		1		410112199308278678	1.6	
7		李菊萍		2		410112199212279755	1.6	
8		赵孟月		1		410112199704269958	1.52	
9		李欣瑞		1		410112199209248215	1.4	
10		张玉笛		3		410112199304119875	1.35	
11		段笑婷		1		410112199811148905	1.62	
12		郑爽阳		1		410112199302059206	1.62	

图 8-14　"体育测试统计表 .xlsx"素材

- 填写运动员"编号"，要求编号由当年的年份加三位数字组成（如 2018001 ～ 2018033），其中年份是动态变化的；
- 根据"身份证号"计算运动员的"性别"，身份证号倒数第二位为奇数时为"男"，为偶数时为"女"；

- 根据工作表 Sheet2 里的"民族代码"和"民族"的对应关系,计算出运动员的"民族"信息;
- 考虑到运动员个人隐私的保护问题,将"身份证号"中的出生日期的年份隐藏,对应显示为"****"(如"410112****08029332");
- 根据运动员的"跳远距离"计算"成绩"。其中,男、女运动员的评分标准见表 8-1。

表 8-1 男、女运动员评分标准

评分标准(男)	评分标准(女)	成绩
0	0	0
1.85	1.27	10
1.9	1.32	20
1.95	1.37	30
2	1.42	40
2.05	1.47	50
2.1	1.52	60
2.14	1.55	62
2.18	1.58	64
2.22	1.61	66
2.26	1.64	68
2.3	1.67	70
2.34	1.7	72
2.38	1.73	74
2.42	1.76	76
2.46	1.79	78
2.5	1.82	80
2.58	1.89	85
2.65	1.96	90
2.7	2.02	95
2.75	2.08	100

- 隐藏工作表中"民族代码"和原"身份证号"两列。同时,为表格套用一种表格格式,并将其转化为普通区域,效果如图 8-15 所示;
- 新建一个工作表,在该工作表中实现按编号查询的功能。即通过下拉列表来选择不同运动员的"编号",以显示与之相对应的记录行,效果如图 8-16 所示。

	A	B	C	E	G	H	I
1	编号	姓名	性别	民族	身份证号2	跳远距离	成绩
2	2018001	马草冉	女	汉族	410112****08029332	3	100
3	2018002	王雨	女	汉族	410112****12189944	3	100
4	2018003	杨梦丽	女	蒙古族	410112****01199518	2.07	95
5	2018004	程广琳	男	汉族	410112****12189045	2.12	60
6	2018005	朱莉莉	女	汉族	410112****08278678	1.6	64
7	2018006	李菊萍	男	蒙古族	410112****12279755	1.6	0
8	2018007	赵孟月	女	汉族	410112****04269958	1.52	60
9	2018008	李欣瑞	男	汉族	410112****09248215	1.4	0
10	2018009	张玉笛	男	回族	410112****04119875	1.35	0
11	2018010	段笑婷	男	汉族	410112****11148905	1.62	0
12	2018011	郑爽阳	女	汉族	410112****02059206	1.62	66

图 8-15　"体育测试统计表 .xlsx"结果

图 8-16　"信息查询"效果

8.4.2　案例实操

打开素材文件，并按以下操作步骤进行操作。

（1）在单元格 A2 里录入公式 "=Value(Year(Today())&Text(Row()-1,"000"))"，并双击该单元格的填充柄，完成单元格区域 A2:A34 的编号录入。这里使用 Row 函数来获取单元格所在的行数，Text 函数实现将数值型数据转化为指定格式的文本，Value 函数实现将文本转化为数值，进而实现数据系列填充。

（2）在单元格 C2 里录入公式 "=If(Mod(Mid(F2,17,1),2)=1," 男 "," 女 ")"，并双击该单元格的填充柄，完成单元格区域 C2:C34 的性别录入。

（3）在工作表 Sheet2 里，选中单元格区域 A2:B57，依次执行 "公式" → "定义的名称" → "定义名称" 命令，打开 "新建名称" 对话框，输入名称 "mz"，设置引用位置为 "=Sheet2!$A$2:$B$57"。

（4）在单元格 E2 里录入公式 "=Vlookup(D2,mz,2,False)"，并双击该单元格的填充柄，完成单元格区域 E2:E34 的民族信息录入。这里使用 Vlookup 函数通过 "民族代码" 在民族对应表格中实现精确查找定位民族名称。

（5）右击 G 列的列头，执行快捷菜单中的 "插入" 命令，在 G 列前添加一列，输入列标题 "身份证号 2"，用于存储加密后的身份证号。然后在单元格 G2 中录入公式 "=Replace(F2,7,4,"****")"，并双击该单元格的填充柄，完成单元格区域 G2:G34 的身份证号转换。这里使用 Replace 函数实现了字符串指定位置的字符的替换操作。

（6）分析男、女运动员的评分标准后，确定需要使用查找定位函数 Lookup 来实现成绩的计算。首先创建男运动员评分标准区域，在工作表 Sheet2 单元格区域 D2:D22 中分别从小到大输入 0、1.85、1.9、…、2.75，E2:E22 中分别输入 0、10、20、…、100。这里的评分标准大小顺序十分重要，必须是从小到大的升序排序。用同样的操作方法，在单元格区域 G2:G22 创建女运动员的评分标准。

（7）在工作表 Sheet2 中，选择男运动员评分标准区域，依次执行"公式"→"定义的名称"→"定义名称"命令，定义男运动员评分标准的名称为"nan"。用同样的操作方法，定义女运动员评分标准的名称为"nv"。

（8）切换到工作表 Sheet1，在单元格 I2 里录入公式"=If(C2="男",Lookup(H2,nan),Lookup(H2,nv))"，并双击该单元格的填充柄，完成单元格区域 I2:I34 的成绩计算。这里使用了 Lookup 函数结合前面定义的评分标准的方法完成评分查找定位，实现运动员的成绩计算。

（9）单击"民族代码"所在列的列头选中该列，然后按住 Ctrl 键，再选择"身份证号"所在列的列头，完成两列数据的选择。然后执行右击快捷菜单中的"隐藏"命令，将选中列隐藏。

（10）选择单元格区域 A1:I34，执行"开始"→"样式"→"套用表格格式"下拉列表中的某种样式命令，为表格套用表格样式。然后依次执行"设计"→"工具"→"转换为区域"命令，将该区域转化为普通区域。

（11）新建工作表 Sheet3，并在该工作表的单元格 A1 中录入"请选择编号："。然后选择单元格 B1，依次执行"数据"→"数据工具"→"数据验证"（或"数据有效性"）命令，打开"数据验证"对话框。在该对话框的"设置"选项卡的"验证条件"中，选择"允许"下拉列表中的"序列"，并在"来源"中录入工作表 Sheet1 中的运动员编号区域，即"=Sheet1!$A$2:$A$34"，并选择设置"输入信息"和"出错警告"选项卡中的相关内容。

（12）依次在单元格区域 A2:G2 中录入"编号""姓名""性别""民族""身份证号""跳远距离"和"成绩"，并在对应位置的单元格区域 A3:G3 中依次录入公式"=B1""=Vlookup(A3,Sheet1!A2:I34,2)""=Vlookup(A3,Sheet1!A2:I34,3)""=Vlookup(A3,Sheet1!A2:I34,5)""=Vlookup(A3,Sheet1!A2:I34,7)""=Vlookup(A3,Sheet1!A2:I34,8)""=Vlookup(A3,Sheet1!A2:I34,9)"。这里使用了 Vlookup 函数进行精确查找定位，根据查找数值定位返回指定列结果。

（13）选择单元格区域 A2:G3，执行"开始"→"样式"→"套用表格格式"下拉列表中的某种样式命令，套用表格格式。然后依次执行"设计"→"工具"→"转换为区域"命令，将该区域转化为普通区域，完成全部操作。

8.4.3 案例总结

该案例主要用到了文本函数、查找与引用函数和日期函数等多种函数类型，以及数据排序、数据验证和表格格式设置等相关知识。其中，在运动员编号录入环节，巧妙地使用了日期函数、单元格引用函数以及文本和数值转换函数，实现了数据的动态变化。在"身份证号"的显示上运用了文本替换函数，实现了部分数据的隐藏，达到了保护隐私的目的。案例中最为关键的是查找定位函数的使用，通过灵活运用 Lookup 函数和 Vlookup 函数，实现了运动员成绩评定和信息查询功能。

8.5　停车计费统计案例

汽车作为出行的交通工具，越来越多地惠及到了普通家庭，成为人们出行的代步工具。城市停车场对有车一族来说毫不陌生，它在为广大车友提供停车服务时，停车场的所有人也获得了一定的经济收入。传统的靠人工停车计费的方式，存在着效率低、计费不准确和后期数据分析难等诸多问题。而随着无线射频识别 RFID 技术和移动支付技术的快速发展和普及，引入智能设备进行停车计费的方式被广泛采用，它将大幅改善传统的人工管理方式，为停车计费带来数据管理和分析方面的巨大飞跃。

8.5.1　案例描述

打开教材配套案例素材"停车计费统计表 .xlsx"，如图 8-17 所示，并按照以下要求完成相应操作，最终效果如图 8-18 所示。

	A	B	C	D	E	F	G	H	I	J
1	序号	车牌号码	车型代码	车型	进场时间	出场时间	停车时长（分）	收费金额	付款代码	付款方式
2	1	豫N95905	1		2018-5-25 0:06	2018-5-26 14:27			2	
3	2	豫H86761	3		2018-5-26 0:15	2018-5-26 5:29			2	
4	3	豫QR7261	2		2018-5-26 0:28	2018-5-26 1:02			2	
5	4	豫U35931	3		2018-5-26 0:37	2018-5-26 4:46			2	
6	5	豫Q3F127	3		2018-5-25 0:44	2018-5-26 12:42			2	
7	6	豫S8J403	3		2018-5-26 1:01	2018-5-26 2:43			2	
8	7	豫DI7294	2		2018-5-26 1:19	2018-5-26 6:35			1	
9	8	豫J03T05	2		2018-5-26 1:23	2018-5-26 11:02			2	
10	9	豫W34039	3		2018-5-26 1:25	2018-5-26 9:58			2	
11	10	豫L31P52	1		2018-5-26 1:26	2018-5-26 15:44			2	
12	11	豫F91R59	3		2018-5-26 1:31	2018-5-26 10:05			2	
13	12	豫HH2510	1		2018-5-26 1:35	2018-5-26 13:43			2	

图 8-17　"停车计费统计表 .xlsx"素材

	A	B	D	E	F	G	H	J
1	序号	车牌号码	车型	进场时间	出场时间	停车时长（分）	收费金额	付款方式
2	1	京N95905	小型车	2018-5-25 0:06	2018-5-26 14:27	2301	72	支付宝
3	2	京H86761	大型车	2018-5-26 0:15	2018-5-26 5:29	314	35	支付宝
4	3	京QR7261	中型车	2018-5-26 0:28	2018-5-26 1:02	34	6	支付宝
5	4	京U35931	大型车	2018-5-26 0:37	2018-5-26 4:46	249	30	支付宝
6	5	京Q3F127	大型车	2018-5-25 0:44	2018-5-26 12:42	2158	165	支付宝
7	6	京S8J403	大型车	2018-5-26 1:01	2018-5-26 2:43	102	15	支付宝
8	7	京DI7294	中型车	2018-5-26 1:19	2018-5-26 6:35	316	21	现金
9	8	京J03T05	中型车	2018-5-26 1:23	2018-5-26 11:02	579	33	支付宝
10	9	京W34039	大型车	2018-5-26 1:25	2018-5-26 9:58	513	50	支付宝

图 8-18　"停车计费统计表 .xlsx"结果

具体操作要求如下：

- 将表格记录的"车牌号码"中的"豫"全部修改为"京"。
- 根据工作表 Sheet2 中的"车型代码"和"车型"对应关系，计算出工作表 Sheet1 记录中的"车型"信息。
- 根据"进场时间"和"出场时间"，计算出"停车时长（分）"。
- 根据车型对应的计费标准，并按照停车场计费标准计算出各记录的"收费金额"。计费标准规定停车不满 20 分钟不计费，1 小时内小型车收费 4 元，以后每增加 1 小时收费增加 2 元，每天计费上限为 40 元。对照小型车计费标准，中型车停车不满 20 分钟不计费，1 小时内收费 6 元，以后每增加 1 小时收费增加 3 元，每天计费上限为 60 元。大型车停车不满 20 分钟不计费，1 小时内收费 10 元，以后每增细路 1 小时收费增加 5 元，每天计费上限为 100 元。

- 根据工作表 Sheet2 中的"付款代码"和"付款方式"对应关系，计算出工作表 Sheet1 中的"付款方式"。
- 分别按照"车型"、"出场时间"的星期和"付款方式"对数据记录进行分类汇总，对比合计"收费金额"，并制作出相应的图表。

8.5.2 案例实操

打开素材文件，并按以下操作步骤进行操作。

（1）选择工作表 Sheet1 中单元格区域 B2:B441，依次执行"开始"→"编辑"→"查找和选择"→"替换"命令（或按组合键 Ctrl+H），打开"查找和替换"对话框的"替换"选项卡，在"查找内容"中文本框输入"豫"，"替换为"文本框中输入"京"，单击"全部替换"按钮，完成车牌号码替换的操作。

（2）在单元格 D2 里录入公式"=Vlookup(C2,Sheet2!$A$2:$B$4,2,False)"，并双击该单元格的填充柄，完成单元格区域 D2:D441 的车型录入。这里用 Vlookup 函数实现了车型代码的精确查找定位，其中车型对应单元格区域 Sheet2!$A$2:$B$4，采用了绝对引用，用户利用鼠标选择 Sheet2 中 A2:B4 区域后，按 F4 键完成相对地址引用到绝对地址引用的转换。

（3）类似上述操作，在单元格 J2 中录入公式"=Vlookup(I2,Sheet2!$A$7:$B$8,2,False)"，然后双击该单元格的填充柄，完成单元格区域 J2:J441 的"付款方式"录入。

（4）结合 Ctrl 键，将 C 列和 I 列选中，执行右击快捷菜单中的"隐藏"命令，将该选中列隐藏。

（5）在单元格 G2 中录入公式"=Int((F2-E2)*24*60)"，并双击该单元格的填充柄，完成单元格区域 G2:G441 的"停车时长（分）"录入。这里使用了 Int 求整数函数对两个日期时间型数据的计算结果保留整数。其中，日期时间型数据相减得到的是以"天"为单位的数据，通过"*24*60"转换成了分钟。

（6）通过分析停车场计费标准，要计算"收费金额"必须考虑"车型"和"停车时长"，而停车时长又有不足 20 分钟、1 小时内和每天最高收费三种特殊情况，于是在工作表 Sheet2 中设计了计费标准表格，如图 8-19 所示。

（7）在上述工作表 Sheet2 计费标准的基础上，通过依次执行"公式"→"定义的名称"→"定义名称"命令，分别建立以"=Sheet2!$D$2:$G$21"为引用位置的名称"biaozhun"，以及以"=Sheet2!$E$1:$G$21"为引用位置的名称"leibie"。

（8）在工作表 Sheet1 的单元格 H2 中，录入公式"=Int(G2/(24*60))* Hlookup(C2,leibie,21,False)+Vlookup(Mod(G2,24*60),biaozhun,C2+1,True)"，然后双击该单元格的填充柄，完成单元格区域 H2:H441 的"收费金额"录入。这里使用了 Hlookup 横向定位实现不同车型停车每天计费上限的定位，进而计算出整天停车的计费。而停车不满一天的计费，则通过 Vlookup 函数进行纵向定位来实现，其中借用名称"biaozhun"根据不同车型返回不同列的计费标准，从而实现收费金额的计算。

时长(分)	1	2	3
0	0	0	0
20	4	6	10
60	6	9	15
120	8	12	20
180	10	15	25
240	12	18	30
300	14	21	35
360	16	24	40
420	18	27	45
480	20	30	50
540	22	33	55
600	24	36	60
660	26	39	65
720	28	42	70
780	30	45	75
840	32	48	80
900	34	51	85
960	36	54	90
1020	38	57	95
1080	40	60	100

图 8-19　计费标准

（9）选中工作表 Sheet1 标签，在按下 Ctrl 键的同时，向右拖拉鼠标左键完成复制工作表的操作。然后双击该工作表名称，重命名为"车型分类汇总"，按 Enter 确认。

（10）切换到"车型分类汇总"工作表，将光标定位在"车型"列任一单元格内，依次执行"数据"→"排序和筛选"→"升序"命令，完成表格数据的排序操作。然后依次执行"数据"→"分级显示"→"分类汇总"命令，在打开的"分类汇总"对话框中分别设置分类字段为"车型"，汇总方式为"求和"，汇总项为"收费金额"，然后单击"确定"按钮，完成按"车型"分类汇总的操作。

（11）单击分类汇总结果左上方的分级按钮"2"，然后选择分类汇总中的"车型"和"收费金额"数据，选择"插入"→"图表"→"插入柱形图"下拉选项中的某种柱形图，完成图表操作，效果如图 8-20 所示。

图 8-20　按"车型"分类汇总结果

（12）参照上述操作方法，完成按"付款方式"分类汇总统计。考虑到数据列的先后顺序问题，建议用户将"付款方式"列移动到"收费金额"列之前，然后再执行插入图表操作，效果如图 8-21 所示。

（13）用类似的方法，来完成按照"星期"进行的分类汇总统计。进行分类汇总之前，需要先在"出场时间"后面插入"星期"列，并用公式"=" 星期 "&Weekday(F2,2)"计算出日期对应的星期，然后再执行按"星期"排序和分类汇总，以及插入图表等操作，效果如图 8-22 所示。

图 8-21　按"付款方式"分类汇总结果

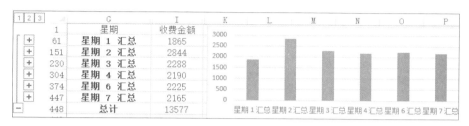

图 8-22　按"星期"分类汇总结果

考虑到操作过程的类似，按照"付款方式"和"星期"分类汇总部分的操作不再详细描述。如有疑问，用户可参考教材配套的案例素材和操作结果文件。

8.5.3　案例总结

该案例主要用到了数学函数、查找与引用函数和日期函数等多种类型函数，以及定义名称、数据排序、分类汇总和图表等相关知识。其中，在计算"停车时长"时通过两个日期相减，配合日期和时间的进制取整而实现。另外案例在计算"收费金额"时，灵活运用 Hlookup 和 Vlookup 查找定位函数，实现了不同车型、不同计费要求的收费金额计算，该公式较为复杂，用户可以借助增加辅助列的方法将公式分解，以便降低公式理解的难度。案例实现过程中，用户要深入理解相对引用和绝对引用，以及简化代替绝对引用的定义名称的使用方法。最后，案例按照车型、支付方式、星期等多种方式进行分类汇总，并结合图表分析数据，寻找数据规律，进而挖掘出更多有价值的信息，达到改善实际运营管理的目的。

8.6　饲料销售统计案例

商品销售作为市场经营的重要组成部分，为广大消费者带来了丰富的选择机会，有效地改善了生活质量，提高了生活水平。家禽肉类作为蛋白质的主要摄取来源，是消费者餐桌上不可或缺的食品。与之关联的饲料销售，在一定程度上影响着家禽肉类的质量和层次水平。相对于传统的饲料销售记录、数据统计和分析，利用 Excel 来管理和分析销售数据，不但可以提高数据管理水平和数据分析效率，更为重要的是可以通过对历史销售数据的分析，获取对企业或销售部门有价值的数据信息，从而及时调整生产和销售策略，促进企业健康稳健地发展。

8.6.1　案例描述

打开教材配套案例素材"饲料销售统计表 .xlsx",如图 8-23 所示,并按照以下要求完成相应操作,最终效果如图 8-24 所示。

	A	B	C	D	E	F	G	H	I	J	K
1	订单编号	订货日期	发货日期	饲料代码	饲料名称	单位	单价	数量	销售员编号	销售员	订单金额
2	20180501	2018-5-1	2018-5-2	C02		Kg		500	1		
3	20180502	2018-5-1	2018-5-2	D08		Kg		600	2		
4	20180503	2018-5-1	2018-5-2	D01		Kg		300	3		
5	20180504	2018-5-1	2018-5-2	D05		Kg		500	4		
6	20180505	2018-5-2	2018-5-3	D12		Kg		200	1		
7	20180506	2018-5-2	2018-5-3	D05		Kg		100	3		
8	20180507	2018-5-2	2018-5-3	D08		Kg		300	1		
9	20180508	2018-5-2	2018-5-3	D09		Kg		500	3		

图 8-23　"饲料销售统计表 .xlsx"素材

	A	B	C	D	E	F	G	H	J	K
1	订单编号	订货日期	发货日期	饲料代码	饲料名称	单位	单价	数量	销售员	订单金额
2	20180501	2018-5-1	2018-5-2	C02	妊娠母猪-4	Kg	4.6	500	吴克仁	2300
3	20180502	2018-5-1	2018-5-2	D08	仔猪-4	Kg	5.7	600	崔财圣	3420
4	20180503	2018-5-1	2018-5-2	D01	乳猪-12	Kg	7.9	300	黄建荣	2370
5	20180504	2018-5-1	2018-5-2	D05	育成猪-4	Kg	4.9	500	黄晓萍	2450
6	20180505	2018-5-2	2018-5-3	D12	哺乳母猪-4	Kg	5.1	200	吴克仁	1020
7	20180506	2018-5-2	2018-5-3	D05	育成猪-4	Kg	4.9	100	黄建荣	490
8	20180507	2018-5-2	2018-5-3	D08	仔猪-4	Kg	5.7	300	吴克仁	1710
9	20180508	2018-5-2	2018-5-3	D09	仔猪专用	Kg	15.3	500	黄建荣	7650

图 8-24　"饲料销售统计表 .xlsx"结果

具体操作要求如下:

■ 根据工作表 Sheet2 中的"饲料代码""饲料名称"和"单价"对应关系,分别计算出工作表 Sheet1 记录中对应的"饲料名称""单价"信息;

■ 根据工作表 Sheet2 中的"销售员编号"和"销售员"对应关系,计算出工作表 Sheet1 记录中的"销售员"信息;

■ 由商品销售"数量"和商品"单价",计算出工作表 Sheet1 中每一条记录的"订单金额";

■ 复制工作表 Sheet1,并对新工作表进行按"销售员"的升序排序,然后完成按"销售员"进行的分类汇总,获取每一位销售员的"订单金额"合计,并通过柱形图表的形式对比销售员的合计订单金额;

■ 复制工作表 sheet1,并对新工作表进行按"商品名称"的升序排序,然后完成按"商品名称"进行的分类汇总,获取每一种商品的"订单金额"合计,并通过柱形图表的形式对比商品的合计订单金额;

■ 针对每一位销售员当月的销售"订单金额",建立一个折线图表,能够分析出该销售员在当月的每一条的订单情况;

■ 为工作表 Sheet1 简单设置外观格式,隐藏"销售员编号"列。设置整个表格的"打印区域",并设置表格的第一行为标题行,并出现在每一张销售记录单上。

8.6.2　案例实操

打开素材文件,并按以下操作步骤进行操作:

（1）选择工作表 Sheet2 中单元格区域 D2:F30,依次执行"公式"→"定义的名称"→"定义名称"命令，为单元格区域 $D$2:$F$30 定义名称"chanpin"。用同样的操作方法，为单元格区域 $A$2:$B$5 定义名称"xiaoshouyuan"。

（2）在工作表 Sheet1 的单元格 E2 里录入公式"=Vlookup(D2,chanpin,2,False)"，并双击该单元格的填充柄,完成单元格区域 E2:E114 的"饲料名称"录入。用同样的操作方法，在单元格 G2 里录入公式"=Vlookup(D2,chanpin,3,False)"，并双击该单元格的填充柄，完成单元格区域 G2:G114 的"单价"录入。

（3）在单元格 J2 里录入公式"=Vlookup(I2,xiaoshouyuan,2,False)"，并双击该单元格的填充柄，完成单元格区域 J2:J114 的"销售员"姓名录入。

（4）在单元格 K2 里录入公式"=H2*G2"（表示销售"数量"＊"单价"），并双击该单元格的填充柄，完成单元格区域 K2:K114 的"订单金额"录入。

（5）选择工作表 Sheet1 标签，在按住 Ctrl 键的同时拖拽鼠标左键，复制工作表（也可以右击 Sheet1 标签，执行快捷菜单中的"移动或复制"命令，并在打开的"移动或复制工作表"对话框中勾选"建立副本"复选框，来完成工作表的复制操作），并双击新工作表名称将其修改为"按销售员分类汇总"，然后按"Enter"键确认。

（6）打开"按销售员分类汇总"工作表，将光标定位在"销售员"列任一单元格内，依次执行"数据"→"排序和筛选"→"升序"命令,完成数据排序。然后依次执行"数据"→"分级显示"→"分类汇总"命令,在打开的"分类汇总"对话框中,分别设置分类字段为"销售员",汇总方式为"求和",汇总项为"订单金额",然后单击"确定"按钮,完成按"销售员"分类汇总的操作。

（7）单击分类汇总结果左上方的分级按钮"2",然后依次选择分类汇总中的"销售员"和"订单金额"数据（选择单元格 J24 后，按住 Ctrl 键不松，并依次选择单元格 J63、J84 和 J118，以及单元格 K24、K63、K84 和 K118），执行"插入"→"图表"→"插入柱形图"下拉选项中的某种柱形图命令，完成图表操作，效果如图 8-25 所示。

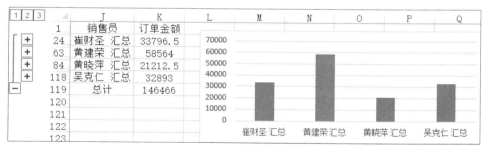

图 8-25　"按销售员分类汇总"结果

（8）参照上述操作，复制工作表 Sheet1，并重命名为"按商品分类汇总"，按照"饲料名称"升序排序,然后完成以"饲料名称"为分类字段、"求和"为汇总方式、"订单金额"为汇总项的分类汇总，并在此基础上建立图表，效果如图 8-26 所示。

（9）复制工作表 Sheet1，重命名为"数据透视表"，将光标定位到该工作表中的任一单元格内。然后依次执行"插入"→"表格"→"数据透视表"命令，打开"创建数据透视表"对话框。在该对话框中选择单元格区域 \$A\$1:\$K\$114，并设置将数据透视表放置在单元格 M2 位置，如图 8-27 所示，然后单击"确定"按钮。

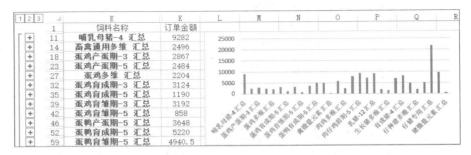

图 8-26　"按商品名称分类汇总"结果

图 8-27　数据透视表设置

（10）将窗口右侧"数据透视表字段"栏中的"销售员"字段，用鼠标左键拖拽至"筛选器"栏内，"订货日期"字段拖拽至"行"栏内，"订单金额"字段拖拽至"值"栏内，完成数据透视表制作。此时，用户可以通过数据透视表中的"销售员"筛选器选择不同的销售员，透视表就对应显示出该销售员的相关销售信息。

（11）将光标定位在数据透视表结果区域任一单元格内，然后依次执行"分析"→"数据透视图"命令，打开"插入图表"对话框，选择相应的折线图表，完成数据透视图的创建。此时，数据透视表和数据透视图之间是相互关联的，当选择的销售员不同时，数据透视表和数据透视图会随之变化，效果如图 8-28 所示。

（12）切换至工作表 Sheet1，右击"销售员编号"列，执行快捷菜单中的"隐藏"命令，将该列隐藏。然后选择单元格区域 A1:K114，执行"开始"→"样式"→"套用表格格式"下拉选项中的某种样式命令，套用表格格式。然后依次执行"设计"→"工具"→"转换为区域"命令，将该区域转化为普通区域。

（13）将光标定位在表格区域任一单元格内，依次执行"页面布局"→"页面设置"→"打印标题"命令,设置"打印区域"为"$A$1:$K$114","顶端标题行"为"$1:$1",然后单击"确定"完成操作。

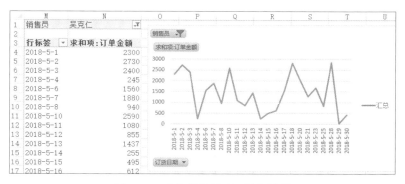

图 8-28 "数据透视表/图"效果

8.6.3 案例总结

该案例主要用到了查找与引用函数、定义名称、数据排序、分类汇总、数据透视表和数据透视图等相关知识。其中,通过分类汇总操作可以发现分类对象的数据表现,如销售员之间的订单金额对比,从而得知各个销售员的表现情况。相对于分类汇总来说,数据透视表更加灵活,能够灵活切换筛选字段,显示该字段相关数据,再结合数据透视图,进而形成联动效果,更好地表现出数据之间关系。通过对销售数据的分析对比,从中找出规律,为后期的销售规划做出相应的调整,进而激发数据活力。

8.7 图书销售统计案例

图书作为文化传承、信息传递、知识传播和休闲娱乐的有机载体,为广大用户带来了心灵愉悦和知识技能,为社会发展贡献着强大动能。随着科技的不断发展,科技类图书也越来越多,极大程度地满足了用户的求知欲。同时,对于图书销售企业来说,图书市场也充满着竞争,使用 Excel 对图书销售数据进行计算、分析和统计,有助于发现商业先机,拓宽图书销售市场,提高图书销售竞争力,为企业发展注入活力。

8.7.1 案例描述

打开教材配套案例素材"图书销售统计表 .xlsx",如图 8-29 所示,并按照以下要求完成相应操作,最终效果如图 8-30 所示。具体操作要求如下:

- 完成工作表 Sheet1 中的"订单编号"升级,将所有"订单编号"右侧的数字前添加"20"(如 MJXY-2018001)。
- 设置工作表 Sheet2 中的"图书名称"和"定价"的对应关系表,将"定价"格式设置为"0.0 元"(如 42.5 元)。
- 根据工作表 Sheet2 中"图书名称"和"定价"的对应关系,计算出工作表 Sheet1 的"单价"。

	A	B	C	D	E	F	G
1	订单编号	日期	书店名称	图书名称	单价	销量（本）	销售额小计
2	MJXY-18001	2016年1月2日	北林书店	《网站开发技术》		41	
3	MJXY-18002	2016年1月4日	龙子湖书店	《计算机应用基础》		3266	
4	MJXY-18003	2016年1月4日	龙子湖书店	《视频处理技术》		107	
5	MJXY-18004	2016年1月5日	龙子湖书店	《图文高级演示技术》		63	
6	MJXY-18005	2016年1月6日	北林书店	《Excel高级应用》		188	
7	MJXY-18006	2016年1月10日	龙子湖书店	《数字农牧业技术》		84	
8	MJXY-18007	2016年1月10日	北林书店	《Excel高级应用》		293	
9	MJXY-18008	2016年1月10日	龙子湖书店	《数字农牧业技术》		82	

图 8-29　"图书销售统计表 .xlsx"素材

	B	C	D	E	F	G	H	I
1	编号	日期	书店名称	图书名称	单价	实际价格	销量（本）	销售额小计
2	MJXY-2018001	2016年1月2日	北林书店	《网站开发技术》	39.40	39.40	41	1615.40
3	MJXY-2018002	2016年1月4日	龙子湖书店	《计算机应用基础》	37.80	30.24	3266	98763.84
4	MJXY-2018003	2016年1月4日	龙子湖书店	《视频处理技术》	38.60	36.67	107	3923.69
5	MJXY-2018004	2016年1月5日	龙子湖书店	《图文高级演示技术》	44.50	44.50	63	2803.50
6	MJXY-2018005	2016年1月6日	北林书店	《Excel高级应用》	43.90	41.71	188	7840.54
7	MJXY-2018006	2016年1月9日	龙子湖书店	《数字农牧业技术》	40.60	38.57	84	3239.88
8	MJXY-2018007	2016年1月10日	北林书店	《Excel高级应用》	43.90	39.51	293	11576.43

图 8-30　"图书销售统计表 .xlsx"结果

- 依据图书"销量（本）"计算图书销售"实际价格"。销量小于 80 本按单价，销量在 80 本以上按单价 9.5 折，销量在 200 本以上按单价 9 折，销量在 1000 本以上按单价 8.5 折，销量在 1500 本以上按单价 8 折。
- 根据"实际价格"和"销量（本）"的乘积，计算出"销售额小计"，并设置所有涉及金额的数据显示两位小数。
- 为工作表 Sheet1 设置合适的外观格式，并将工作表的首行冻结，实现滚动垂直滚动条时首行保持原位置显示。
- 将工作表 Sheet1 的"实际价格"的计算公式隐藏，并设置工作表保护密码，保护表格区域不允许编辑。

8.7.2　案例实操

打开素材文件，并按以下操作步骤进行操作：

（1）在工作表 Sheet1 的"订单编号"列右侧添加一列，命名为"编号"。在单元格 B2 中录入公式"=Replace(A2,6,0,"20")"，并双击该单元格的填充柄，完成单元格区域 B2:B22 的"编号"录入。这里使用了 Replace 文本替换函数，实现指定位置和指定长度的文本替换，完成"订单编号"升级。

（2）切换到工作表 Sheet2，选择"定价"单元格区域 B2:B9，按组合键 Ctrl+1 打开"设置单元格格式"对话框的"数字"选项卡。在该窗口左侧"分类"中选择"自定义"，并在右侧"类型"文本框中录入"0.0 元"，然后单击"确定"按钮，完成"定价"格式设置。

（3）在"单价"单元格 F2 中录入公式"=Vlookup(E2,Sheet2!$A$2:$B$9,2,False)"，并双击该单元格的填充柄，完成单元格区域 F2:F22 的"单价"录入。

（4）根据题目描述，在工作表 Sheet2 中设计"销量（本）"和"折扣"对应关系表，如图 8-31 所示，并按照"销量（本）"升序排序。

	D	E
1	销量（本）	折扣
2	0	10.0折
3	80	9.5折
4	200	9.0折
5	1000	8.5折
6	1500	8.0折

图 8-31　销量（本）和折扣的对应关系

（5）切换到工作表 Sheet1，右击“销量”列列头，执行快捷菜单中的“插入”命令，插入一列，命名为“实际价格”。然后选择“实际价格”的单元格 G2，录入公式“=0.1*Lookup(H2,Sheet2!$D$2:$E$6)*Vlookup(E2,Sheet2!$A$2:$B$9,2,False)”并双击该单元格的填充柄，完成单元格区域 G2:G22 的“实际价格”录入。

（6）在“销售额小计”单元格 I2 中录入公式“=H2*G2”并双击该单元格的填充柄，完成 I2:I22 单元格的“销售额小计”录入。

（7）选择工作表 Sheet1 单元格区域 A1:I499，执行“开始”→“样式”→“套用表格格式”下拉选项中的某种样式命令，套用表格格式。然后依次执行“设计”→“工具”→“转换为区域”命令，将该区域转化为普通区域。

（9）单击工作表 Sheet1 左上方全选按钮，将整个工作表选中。然后双击任意两列间的列分割线，将所有列宽调整到适当宽度。并拖拽任意两行之间的分割线，适当调整所有行的行高。

（10）选择工作表 Sheet1 的第一行，然后依次执行“视图”→“窗口”→“冻结窗格”→“冻结首行”命令，完成工作表的首行冻结。这里使用了冻结操作，有助于数据浏览和对比。

（11）选择“实际价格”的单元格区域 G2:G499，按组合键 Ctrl+1 打开“设置单元格格式”对话框，选择“保护”选项卡，勾选“隐藏”复选框，然后单击“确定”按钮，关闭对话框。

（12）依次执行“审阅”→“更改”→“保护工作表”命令，打开“保护工作表”对话框。在该对话框中，勾选“保护工作表及锁定的单元格内容”复选框，并输入取消保护时使用的密码（密码需要重复输入 2 次，如 123），设置如图 8-32 所示。然后单击“确定”按钮，完成工作表保护设置。

8.7.3　案例总结

该案例主要用到了文本函数、查找与引用函数、数据排序、数据行冻结，以及工作表保护等相关知识。其中，工作表的保护是案例重点，通过对单元格内部公式的隐藏，以及工作表编辑的密码保护，从而实现对用户工作成果的合理保护，达到数据保护的目的，能够有效提高数据的安全性。

图 8-32   "保护工作表"对话框

8.8   职工工资核算案例

职工工资发放关系到每一位职员的切身利益，是每一位职工所关心的问题。但面对工资条上每一项收支明细，有不少人都稀里糊涂，弄不明白。工资条上除了用户的各项工资外，往往还包含了"五险一金"（养老保险、医疗保险、失业保险、工伤保险和生育保险，以及住房公积金）和个人所得税等项目，这一部分内容是用户最容易犯晕的地方。其中，"五险一金"中的工伤保险和生育保险由单位按比例缴纳，个人不需缴费，其他3项保险和住房公积金由单位和个人按照比例共同承担。个人所得税则是根据职工的工资水平，按照国家个人所得税征缴办法计算而来，这也是很多人犯迷糊的地方。使用 Excel 对职工工资进行核算，可以做到工资发放的高效、准确和透明，避免职工的误解和猜疑，进而促进企业财务健康稳定发展。

8.8.1   案例描述

打开教材配套案例素材"职工工资核算表 .xlsx"，如图 8-33 所示，并按照以下要求完成相应操作，最终效果如图 8-34 所示。

	A	B	C	D	E	F	G	H	I	J	K	L	M	N	O
1	工号	姓名	基本工资	岗位工资	工龄工资	绩效工资	补贴	医疗保险	养老保险	失业保险	住房公积金	应发金额	应税工资	个人所得税	实发金额
2	A1001	邢 君	1100	2800	200	3769	400								
3	A1002	唐秋香	760	2400	100	3670	400								
4	A1003	郝 彤	800	1900	150	3537	400								
5	A1004	韦功成	1100	2800	200	3424	400								
6	A1005	徐晓筠	1100	4000	200	3800	500								
7	A1006	范 梦	800	2100	150	2240	360								
8	A1007	谢科捷	1100	2800	200	2204	360								
9	A1008	朱 蒙	850	2600	150	2039	360								
10	A1009	宋碧香	760	2400	100	2000	360								
11	A1010	臧嘉昌	850	3400	150	4322	500								

图 8-33   "职工工资核算表 .xlsx"素材

具体操作要求如下：

■   批量删除"姓名"中的全部空格，如"张 三"修改为"张三"。

■   假设职员工资表中的"医疗保险""养老保险""失业保险"和"住房公积金"，

分别为"基本工资"和"岗位工资"和的 2%、8%、0.3% 和 5%，从而计算出"医疗保险""养老保险""失业保险"和"住房公积金"的具体金额。

	工号	姓名	基本工资	岗位工资	工龄工资	绩效工资	补贴	医疗保险	养老保险	失业保险	住房公积金	应发金额	应税工资	个人所得税	实发金额
2	A1001	邢碧	1100	2800	200	3769	400	78	312	12	195	8269	3772	272	7400
3	A1002	唐秋春	760	2400	100	3670	400	63	253	9	158	7330	2947	190	6657
4	A1003	郝彤	800	1900	150	3537	400	54	216	8	135	6787	2474	142	6232
5	A1004	韦功成	1100	2800	200	3424	400	78	312	12	195	7924	3427	238	7090
6	A1005	徐晓莴	1100	4000	200	3800	500	102	408	15	255	9600	4820	409	8411
7	A1006	范梦	800	2100	150	2240	360	58	232	9	145	5650	1346	40	5166
8	A1007	谢科捷	1100	2800	200	2204	360	78	312	12	195	6664	2207	116	5952
9	A1008	朱蒙	850	2600	150	2039	360	69	276	10	173	5999	1611	56	5415

图 8-34　"职工工资核算表 .xlsx"结果

- 由"基本工资""岗位工资""工龄工资""绩效工资"和"补贴"的和，计算出"应发工资"金额。
- "应发工资"减去"补贴""五险一金"（养老保险、医疗保险、失业保险、工伤保险、生育保险和住房公积金，其中工伤保险、生育保险忽略），再减去个人所得税起征点 3500，从而计算出"应税工资"（"应税工资"小于等于 0 时无需交税）。
- "个人所得税"由"应税工资"乘以税率，然后减去速算扣除数得到。其中，应税工资不超过 1500 元的，税率为 3%，速算扣除数为 0；应税工资超过 1500 元至 4500 元的部分，税率为 10%，速算扣除数为 105 元；应税工资超过 4500 元至 9000 元的部分，税率为 20%，速算扣除数为 555 元；应税工资超过 9000 元至 35000 元的部分，税率为 25%，速算扣除数为 1005 元；应税工资超过 35000 元至 55000 元的部分，税率为 30%，速算扣除数为 2755 元；应税工资超过 55000 元至 80000 元的部分，税率为 35%。速算扣除数为 5505 元；应税工资超过 80000 的部分，税率为 45%，速算扣除数 13505 元。
- 适当调整工作表的行高和列宽，设置表格外观格式。将文件打印方向设置为横向，并设置文件页眉的左侧显示"职工工资表"、右侧显示"2018/05/26"，页脚的右侧显示数字页码。
- 为每一位职员制作个人工资条，要求工资条上显示各个项目的详细说明和公式计算方法。

8.8.2　案例实操

打开素材文件，并按以下操作步骤进行操作：

（1）在工作表 Sheet1 中，选择"姓名"列，然后依次执行"开始"→"编辑"→"查找和选择"→"替换"命令（或使用快捷键 Ctrl+H），打开"查找和替换"对话框。在该对话框的"查找内容"里输入" "（Space 空格符号），并清除"替换为"对应文本框里的全部内容，单击"全部替换"按钮，完成"姓名"中空格的批量删除。

（2）在"医疗保险"单元格 H2 中，录入公式"=Sum(C2:D2)*0.02"，并双击该单元格的填充柄，完成单元格区域 H2:H22 的"医疗保险"录入。用同样的操作方法，依次完成"养老保险"公式"=Sum(C2:D2)*0.08"、"失业保险"公式"=Sum(C2:D2)*0.003"和"住房公积金"公式"=Sum(C2:D2)*0.05"的公式录入。

（3）将光标定位到"应发金额"单元格 L2 中，按下组合键"Alt+="启动求和函数 Sum，随后用鼠标选择参与计算的单元格区域 C2:G2，完成公式"=Sum(C2:G2)"的录入。双击该单元格的填充柄，完成单元格区域 L2:L22 的"应发金额"录入。这里用到了 Sum 函数的快捷键"Alt+="，合理使用快捷键可以提高公式的录入效率。

（4）在"应税工资"单元格 M2 中，录入公式"=If(Sum(C2:F2)-Sum(H2:K2)-3500>0, Sum(C2:F2)-Sum(H2:K2)-3500,0)"，并双击该单元格的填充柄，完成单元格区域 M2:M22 的"应税工资"录入。这里使用了 If 函数来判断职工工资是否需要交纳个人所得税。

（5）通过对个人所得税的计算方法进行分析，根据"应税工资"情况采用阶段性的税率计算方法，以及对应不同的速算扣除数。新建工作表 Sheet2，在单元格区域 A1:C8 建立"应税金额""税率"和"速算扣除数"的对应关系表，并按照"应税金额"升序排序，如图 8-35 所示。

	A	B	C
1	应税金额	税率	速算扣除数
2	0	0.03	0
3	1500	0.1	105
4	4500	0.2	555
5	9000	0.25	1005
6	35000	0.3	2755
7	55000	0.35	5505
8	80000	0.45	13505

图 8-35　税率对应关系

（6）在"个人所得税"单元格 N2 中，录入公式"=M2*Vlookup(M2,Sheet2!$A$2:$C$8,2,True)-Vlookup(M2,Sheet2!$A$2:$C$8,3,True)"，并双击该单元格的填充柄，完成单元格区域 N2:N22 的"个人所得税"录入。这里使用了 Vlookup 函数通过"应税工资"在 Sheet2 中的对应关系查找定位"税率"和"速算扣除数"，从而完成个人所得税的计算。

（7）在"实发金额"单元格 O2 中，录入公式"=L2-Sum(H2:K2,N2)"，并双击该单元格的填充柄，完成单元格区域 O2:O22 的"实发金额"录入。

（8）选择工作表 Sheet1 单元格区域 A1:O22，执行"开始"→"样式"→"套用表格格式"下拉选项中的某种样式命令，套用表格格式。然后依次执行"设计"→"工具"→"转换为区域"命令，将该区域转化为普通区域。

（9）单击工作表 Sheet1 左上方全选按钮，将整个工作表选择，双击任意两列间分割线，将所有列宽调整到适当宽度并拖拽任意两行之间的分割线，适当调整所有行的行高。

（10）依次执行"页面布局"→"页面设置"→"纸张方向"→"横向"命令，设置文件为横向显示。

（11）单击"页面布局"右下方的"页面设置"按钮，打开"页面设置"对话框，切换到"页眉 / 页脚"选项卡。单击"自定义页眉"按钮，设置页眉"左"侧内容为"职工工资表"，"右"侧为"2018/05/26"。同样通过"自定义页脚"按钮，设置页脚"右"侧显示页码"第 &[页码] 页"，然后单击"确定"按钮，完成页眉页脚设置。

（12）为了实现给每一位职工打印工资条，用户可以结合 Word 的邮件合并功能，将该 Excel 文件作为邮件合并的数据源，然后在 Word 文档中对表格进行排版，并将工作表各项的计算方法详细列出。通过邮件合并功能，实现批量打印。有关邮件合并功能，用户可以通过查阅相关资料来完成，这里不再详细介绍。

8.8.3　案例总结

该案例主要用到了数学函数、查找与引用函数、数据排序，以及查找替换等相关知识。其中，案例对个人所得税的计算是重点内容，尤其是制作税率对应关系表是难点，需要用户深入体会理解。同时，案例结合了 Word 邮件合并功能，实现工资条的批量打印，这也是本教材灵活运用知识的体现。合理选择软件，灵活运用软件各项功能，并恰当借助互联网等多种渠道，提高工作效率是教材追求的目标。

参考文献

[1] 盖玲，李捷．Excel 2010 数据处理与分析立体化教程 [M]．北京：人民邮电出版社，2015．

[2] Excel Home．Excel 2013 函数与公式应用大全 [M]．北京：北京大学出版社，2016．

[3] 赛贝尔资讯．Excel 函数与公式应用技巧 [M]．北京：清华大学出版社，2014．

[4] 郑小玲．Excel 数据处理与分析实例教程 [M]．北京：人民邮电出版社，2016．

[5] 亚历山大，库斯莱卡．中文版 Excel 2016 公式与函数应用宝典 [M]．陈姣，李恒基，译．北京：清华大学出版社，2017．

[6] 杨小丽．Excel 公式、函数、图表与数据处理应用大全 [M]．北京：中国铁道出版社，2018．